认识时间本质，
8种方式让时间旅行成为现实！

你也许思考过，"如果我能回到过去……"、"如果我能最后一次与已逝亲人交谈"、"如果我能前往未来看看24世纪的科技"。欲实现这些愿望，时间机器与时间旅行将是你的必需！

那么，时间机器真实存在吗？时间旅行可实现吗？

迄今为止，时间旅行仍停留在幻想阶段。但量子理论和相对论为我们提供了许多实现时间旅行的方法。最重要的是：物理定律并未阻止时间旅行的实现。

《构造时间机器》为读者解释了时间是什么？如何操控它？克莱格带领读者走近时间旅行者，理论分析了时间机器无法返回到它首次被发明之前的时间的原因。他探讨了宇宙空间中量子纠缠、超光速、中子星圆柱体和太空虫洞产生时间旅行的非凡可能性。克莱格向读者介绍了物理学教授罗纳德·马利特，他将毕生精力致力于设计能回到过去与自己早逝父亲相见的机器。克莱格还带着读者一起思考了奇特的时间旅行悖论。

本书从科学、哲学和神学的角度回顾了人类探究时间本质的历史，从柏拉图、圣奥古斯丁到霍金，讨论了争论达数个世纪的时间之谜。由此出发，在现代物理学进展的基础上，阐释了时间旅行的各种可能机制和限制条件。克莱格引人入胜地带领读者走近了终极答案——时间旅行是真实的，我们今天可在小范围内做到。如果人类寿命能足够长久，时间机器一定会在未来世界出现。

科学可以这样看丛书

HOW TO BUILD A TIME MACHINE
构造时间机器

时间旅行的真实科学

〔英〕布莱恩·克莱格（Brian Clegg） 著

向梦龙 译

揭秘第四维度：时间

参照系论证时间相对性

时间机器与时间旅行真实可行

重庆出版集团 重庆出版社

HOW TO BUILD A TIME MACHINE: The Real Science of Time Travel
By Brian Clegg
Text Copyright © 2011 by Brian Clegg
Published by arrangement with St.Martin's Press
Simplified Chinese edition copyright: 2019 Chongqing Publishing & Media Co., Ltd.
All rights reserved.
版贸核渝字(2017)第216号

图书在版编目(CIP)数据

构造时间机器 / (英)布莱恩·克莱格著；向梦龙译． —重庆：
重庆出版社,2019.9
(科学可以这样看丛书/冯建华主编)
书名原文:HOW TO BUILD A TIME MACHINE
ISBN 978-7-229-14245-2

Ⅰ.①构… Ⅱ.①布… ②向… Ⅲ.①时间学—普及读物
Ⅳ.①P19-49

中国版本图书馆CIP数据核字(2019)第121308号

构造时间机器

HOW TO BUILD A TIME MACHINE

〔英〕布莱恩·克莱格(Brian Clegg) 著　　向梦龙 译

责任编辑:连　果
责任校对:李春燕
封面设计:博引传媒·何华成

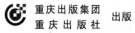 重庆出版集团
重庆出版社 出版

重庆市南岸区南滨路162号1幢　邮政编码:400061　http://www.cqph.com
重庆出版集团艺术设计有限公司制版
重庆市国丰印务有限责任公司印刷
重庆出版集团图书发行有限公司发行
E-MAIL:fxchu@cqph.com　邮购电话:023-61520646
全国新华书店经销

开本:710mm×1000mm　1/16　印张:13　字数:180千
2019年9月第1版　2019年9月第1次印刷
ISBN 978-7-229-14245-2
定价:39.80元

如有印装质量问题,请向本集团图书发行有限公司调换:023-61520678

Advance Praise for *HOW TO BUILD A TIME MACHINE*
《构造时间机器》一书的发行评语

扎实地综述了物理学中最奇特的一些生僻理论，又与流行文化娱乐性地联系了起来。

——《柯克斯书评》（*KirkusReviews*）

一本真正引人入胜的书。

——《书单》（*Booklist*）杂志

作者克莱格擅长于让科学平易近人。

——《图书馆杂志》（*LibraryJournal*）

这是一本科普阅读界暌违已久的书……书中的视野将挑战你的直觉。

——《旧金山书评》（*SanFranciscoBookReview*）

谨以此书献给

吉里安、切尔西和蕾贝卡

致谢

一如既往,如果没有我的编辑迈克尔·霍姆勒(Michael Homler)的专业帮助,本书将不能出版。

感谢为我提供信息和思想的诸多学者,包括马库斯·乔恩(Marcus Chown)博士、加来道雄(Michio Kaku)教授、罗纳德·马利特(Ronald Mallett)教授、皮特·莫里斯(Peet Morris)博士、金特·尼姆茨(Günter Nimtz)教授和伊恩·斯图尔特(Ian Stewart)教授。

目录

致谢

1　闪闪发光的金属框架

"很显然，"这位时间旅行者继续说道，"任何实体都必然往四个方向延伸：长度、宽度、厚度和存续过程……实际上就是四个维度，前三个我们称其为空间三维，第四个维度即时间。通常，人们习惯于将前三个维度与时间不切实际地区分开来。"

——赫伯特·乔治·威尔斯（Herbert George Wells）

（1866—1946），《时间机器》（*The Time Machine*）

（1895）

每人都在时间中旅行。只要时间向前流淌，我们就像坐在一条传送带上那样穿越时间，以每秒钟一秒的速度开进未来。我们坚定地走向每一个未来，将它们变为现在，而在每一刻，现在又变为过去。

同样地，我们也都在时间里向后旅行，但这种过程与传统认知的只有死亡能打断的向前旅行截然不同。向后的时间旅行需要记忆的媒介，缺乏向前旅行那种稳定而平滑的过程。与之相反，我们需要不时地以惊人的速度跳来跳去。这一刻我们还在追忆童年，对某些人来说，回忆童年可能需要回退 70—90 年的时间；而下一刻，为了记起刚刚发生的事情，我们的回忆仅需回退 10 分钟。记忆在时间里跳跃的速度是无限的。

1

你也许会反对这样的观点，"这只是记忆，哪是什么时间旅行"。毕竟，记忆非真，你并非真实抵达了那里。但请你思考下，记忆恰恰是定义你身份和个性的重要元素。没有了记忆，你将不再是自己，你必将体验到失忆症患者的痛苦。以记忆为媒介的逆向时间旅行也许不能用物理实体体现，但它却比很多客观"现实"更真实。牢固的记忆远比远方的新闻报道更可靠，来自世界别处的新闻也许真实反映了那一刻发生的事情，但对观察者而言并无太大意义。

还有一些被遴选入历史的记忆片段成了无数人喜欢的向后时间旅行目的地。大多数成年人或许都记得 2001 年 9 月 11 日那天自己在哪里在干什么。虽然，这些所谓的闪光灯记忆也能像其他记忆一样被扭曲，但无法改变的事实是：在时间长河里，它们是能被很多个体明确识别的特殊地点。

对于年长者来说，还有另一个日子是常见的旅行目的地。考虑到对时间旅行的特殊兴趣，这天对我个人具有双重意义——1963 年 11 月 22 日。约翰·F. 肯尼迪总统在那天被刺，很多人还能记起那天听到这个消息时自己在做什么事情。这个噩耗的一个附带效应是，当天的电视节目表被打乱了，它直接影响了次日（1963 年 11 月 23 日）将在英国首播的一个电视节目。

那是一部名为《神秘博士》（Doctor Who）的家庭剧。因为在肯尼迪刺杀事件发生之后看电视的观众骤减，第一集在当周的星期六第二集播出之前作了重播。正是《神秘博士》将时间旅行的概念带给了众多英国观众，后来又传向了全世界。历史证明时间旅行是个不朽的概念，时隔40 多年后，这部电视剧又得到了重播。

尽管在那之后不久，我偶然读到了赫伯特·乔治·威尔斯（H. G. Wells）的小说《时间机器》，但令我真正思考时间旅行意义的却是《神秘博士》。这部电视剧并未探索时间的矛盾与怪异之处，但其靠前的剧情经常涉及拜访地球历史上的不同时期——过去和未来。虽然不久后，编剧更加关注前往遥远星球和外星生活的旅行，但将穿越时间作为故事情节一部分的可能一直存在。说实话，与威尔斯的生硬政治寓言相比，我对《神秘博士》更有感情。

不过，我无法忽略威尔斯《时间机器》中的那句"闪闪发光的金属框架"，这部 1895 年发表的小说在首次提到时间机器时作了这样的描述。虽然，时间旅行在当时已算不上什么新鲜想法了，但在这本书之前，人们虚构的时间旅行依靠的是梦境、魔法实现旅行者的时间传送。例如，在马克·吐温的《康州美国佬大闹亚瑟王朝》（*A Connecticut Yankee in King Arthur's Court*）里，主角汉德·摩根（Hand Morgan）在头部受到重击后穿越回到了中世纪的英格兰，又在巫师梅林（Merlin）令其进入魔法睡眠后回到了未来。（如果你只在电影里看过这个故事，请读读小说原本——小说比银屏的版本更黑暗也更有思想。）

在一些类似马克·吐温小说的书里，时间旅行只是一种幻想，很大程度上只是一种神秘体验。但威尔斯将时间旅行转化为了科幻小说（尽管科幻的概念那时尚未被提出）里一种实用且可达成的虚构概念，开创了人们对于如何达成时间旅行的推测，引导人们开始思考回到耶稣受难时或者拜访人类遥远未来的意义。威尔斯让我们站在了这条更为具体的路径上，这种全新的、强大的科技产品正在改变真实世界——威尔斯给我们带来了时间机器。

蕴藏于《时间机器》背后的思想将成为科幻小说的一种标准。与很多其他常用设定（比如超光速空间旅行）一起，时间旅行的概念被千万个故事所使用。我在青少年时期阅读了大量的科幻小说。毫无疑问，科幻小说在我对真实科学逐渐产生浓厚兴趣的过程中扮演了重要角色。对我来说，令人费解且兴奋的故事情节伴随着无限的可能。

再看看罗伯特·E. 海因莱因（Robert E. Heinlein）的经典短篇小说《你们这些还魂尸》（*All You Zombies*）[经常与《无中生有》（*By His Bootstraps*）搞混，另一本与时间旅行相关的小说]。在小说中，一位时间旅行者回到了过去，他不明智地与自己的母亲媾和并生下了自己。母亲患有遗传疾病，同时具备男性和女性的性器官，她后来接受了一次变性手术变为了男性。变为男性的母亲又变成了时间旅行者自己。他成了一个活生生的悖论，一个既无开始也无结束自生自灭的时间回路（事实上，故事中的他、母亲皆为他本人）。

这种有趣的悖论，使时间旅行成为了科幻作家的宠儿，他们将时间视为真实存在的第四维度而在其中自由旅行，这种能力也被当作了一种常规的科幻设定。多年来，这种好用但不真实的假设在科幻小说中十分普遍，但这个假设的背后隐藏着令人惊讶的道理。

没有物理定律阻止时间旅行。

阅读这些与时间旅行相关的小说需要你放下怀疑——这就是事情的本来面目。当时没人真正相信，制造一台时间机器是可能的，因为多数人认为它是幻想而非具有预测性的科幻。时间旅行太不可思议，似乎，它永远不能被制造出来。然而，物理学并未规定我们无法制造这样的一台机器。

在威尔斯于1895年出版《时间机器》之后，科学开始以令人目眩的速度发展。科学的发展进程正逐渐让时间旅行在理论上成为可能。我们还未看到制作时间机器像从流水线上制造手机那样简单，是因为这些理论付诸实践仍然存在巨大的问题。不过，请看一看人类科技的飞跃历程，想一想现在的日常生活中有多少技术在50年前是罕见的，而在100年前是不可想象的。如果我们能耐心地等待足够长的时间，也许，时间旅行会梦想成真。

除非，我们只是寄望于偷偷制造一些小规模的时间机器，否则，任何希望实现时间旅行的人都必将面临远距离旅行以及操控巨大物体的困难。这些困难在理论上可通过技术的发展来克服。如此看来，除非我们现有的理论有误，否则，制造一台时间机器只是……时间问题。

威尔斯在描写时间旅行的一些方面是错误的。他的机器是利用某种机械原理穿越时间，涉及到水晶结构与时间流的相互作用。与很多小说里的时间机器相似，威尔斯的装置控制难度较低。根据小说，只需设定某个特定年份，然后打开开关就能回到过去或者前往未来。然而，真实的时间机器只能依靠一种间接的方式实现时间旅行，像小说中那种与时间线简单的相互作用是不能实现的。

威尔斯的机器与基于真实科学的典型概念相比，还具有不寻常的对称性——在他们的时间机器中，前往未来的旅行与回到过去的旅行一样容易，两者涉及到的是同一动作，与空间中的旅行并无区别。《时间机器》中大部分情节立足于拜访遥远的未来，同时，旅行者从未来回归现在也使用着完全同样的方式。然而在科学上，一个真实的时间机器或许只能在一个方向上工作，即便存在两个方向均可使用的机器也需使用两种不同的方式选择方向（通常，一个空间方向向前旅行，另外一个空间方向向后旅行）。

在威尔斯的时间机器里，旅行者通常坐着不动，时间在他周围变换。这看上去似乎很合理，因为这与我们日常生活中体验时间运动的方式相近。事实上，真实的时间旅行机器还会涉及空间运动，它能反映时间与空间在四维时空矩阵中的内在联系，仅是静坐就能实现时间旅行几乎不具有可能性。

不过，我们不能对威尔斯太过鄙视，因为他在一件事上做到了令人印象深刻的精确。他小说中的主角将时间机器的工作原理解释为：利用时间作为第四维度。这在当时，可是一个全新的概念，威尔斯在这个观点成为严肃的科学概念之前就在小说中提了出来。今天，将时间视为时空整体框架中的一个维度的观念，不仅对我们理解时间旅行很重要，甚至对我们理解宇宙也极为重要。

在《时间机器》出版的几年后，20 世纪初物理学理论的升级让科学追上了科幻。我们对现实的认识即将受到某人带来的重大冲击，他严肃地看待了"将时间视为第四维"的科幻概念。

2　万物都是相对的

当一个男人和一个漂亮女孩坐在一起时，一小时像一分钟那般快；而当他坐在热炉前时，一分钟比一小时还漫长。这，就是相对论。

——阿尔伯特·爱因斯坦（Albert Einstein）（1879—1955），据称发表在《放热科学与技术》（*Journal of Exothermic Science and Technology*）

真实的时间旅行具有两大绝对要素，其一，时间与空间的联系；其二，引力对时空连续统（space - time continuum）的影响。这两个基础观念皆为阿尔伯特·爱因斯坦在神游时想到。两个伟大的思想，一个出现于他在河岸草地上休息时，另一个出现于他在办公室做白日梦时。然而，这两个闲暇时刻对我们理解如何操控时间极为重要。为了追寻这两个思想的源头，我们需要从这条时间线更早一些的时刻开始叙述。

爱因斯坦于 1879 年 3 月 14 日出生在一栋简陋的公寓楼里，当时，这里可看不出丝毫伟人的迹象。今天，公寓楼早已消失，这栋位于德国南部城市乌尔姆（Ulm）的建筑物在第二次世界大战中被炸毁。他的父亲赫尔曼（Hermann）是一名努力的失败者，是那句老话"如果你足够努力，就能成就一切"的绝佳反例。小爱因斯坦从父亲那里遗传了做白日梦的习惯。赫尔曼花了很多功夫在生意上，生意的资金来源于爱因斯坦母亲保利娜（Pauline）的家族。他从未抓住获得成功的关键要素，或者说总是缺少运气。

虽然他们家庭的经济并不乐观，但阿尔伯特和他的妹妹玛丽亚（Maria）（或他常称呼马娅）却生活得很快乐。爱因斯坦不喜欢家庭之外的生活。到上学时，小爱因斯坦恼怒地发现，自己探索知识的方式与19世纪末的德国僵硬的教育系统格格不入。

对爱因斯坦来说，这种教育系统的作用似乎只是为了限制他，阻止他发现信息并拓展想象力。他的性格固执，僵硬的教育系统使他产生了叛逆心。早年，爱因斯坦丝毫不掩饰自己对权威的厌恶，尤其厌恶试图以任何方式操控自己思考的人。爱因斯坦从不是一个跟随者，他喜欢走自己的路。

爱因斯坦对老师们的厌恶，也得到了相应的回馈。他上的第一所学校是位于巴伐利亚（Bavarian）首府慕尼黑（Munich）的一所天主教学校（爱因斯坦一家是犹太人，但并不信犹太教）。爱因斯坦的父亲为了追求生意上的成功将家搬到了这座城市。学校校长曾评论爱因斯坦，"未来，小阿尔伯特无所谓尝试任何职业，因为他什么事也干不成"。

爱因斯坦在家里的感觉则完全不同，他与马娅在自家花园玩耍，那里的野草自然生长。或者，他会独自待在房间里，爱因斯坦感觉自己掌控了命运。在学校里，他没有机会以自己的方式行事。学校的教条严格而僵硬，无非是循规蹈矩、在空框打钩之类的事情。爱因斯坦认为，这些事情沉闷且令人生气。

他曾希望升学到初中后，或许会有好转。事实上，即便真有什么改变，也是越改越糟。他上的留特波中学（Luitpold Gymnasium）采用的是一种老式的教育方式，强行将古典教育置于一切之上。爱因斯坦费劲地学习了拉丁语和希腊语，它们看上去既无用也无趣。他的老师认为他懒惰且不愿合作（这也许是个客观的评价）。

爱因斯坦不是那种面对逆境轻言放弃的人。他开始转向其他能启发智力的地方，依靠书籍成长。在他的成长过程中，他家的一个年轻的朋友马克斯·塔尔穆德（Max Talmud）扮演了关键角色。爱因斯坦第一次见到塔尔穆德时，塔尔穆德是名医学生。他经常到爱因斯坦家吃晚餐，他总能传递一些有趣的事并带来一些较新的科学书籍。这大大吸引了爱因斯坦的兴趣，事实上，这些书籍属于大学生的阅读范畴。

唯一能让爱因斯坦忍耐不幸学校生活的是家庭生活的温暖和稳定。然而，这点好处也将很快离他而去。在最近的一次商业冒险中，爱因斯坦的父亲将家搬到了意大利伦巴第地区（Lombardy）的帕维亚（Pavia）。家里认为，这里并非阿尔伯特继续学业的好地方，所以将他留在了德国。失去了对糟糕学校生活的缓冲（温暖的家），再加之军队服役的阴影（服役比学校生活更糟），爱因斯坦崩溃了。他放弃了一切，前往意大利与家人团聚。学校对此行为的回应是开除。

在16岁的年纪，大多数男孩都不会关心政治，而爱因斯坦试图说服父母帮他放弃德国国籍。起初，父母并不赞同，无国籍很难为儿子保证一个安稳的未来。但爱因斯坦非常坚决，他持续施压，直至父母完成了申请工作。

离开德国，他得找个新的生活地。爱因斯坦的意大利语很一般，因此，他对定居帕维亚并不感冒。最终，他选择了瑞士。瑞士一部分地区说德语，政治上中立，且非常注重公民的私人生活不受干扰，这似乎是理想的未来家园。位于瑞士德语区的苏黎世（Zurich）甚至拥有一个爱因斯坦可专注科学与技术教育的完美场所——联邦理工学院（The Federal Technology Institute，ETH，德文名为 Eidgenössische Technische Hochschule）。对那些热爱科学的人来说，这是一所理想的学校。爱因斯坦迫不及待地参加了入学考试，但并未获得成功。

尽管联邦理工学院毫无疑问是杰出的科学与技术中心，但学校期望自己的学生能获得全面的教育。爱因斯坦正是因为偏科而未被录取。他不关心其他科目，只对科学感兴趣。更糟糕的是，他比其他候选者年轻，而联邦理工学院是大学而非高中。联邦理工学院的校长对爱因斯坦突出的科学能力印象深刻,建议爱因斯坦在一所瑞士高中就读一年后再申请入学。这个策略奏效了。爱因斯坦在瑞士时住在文特尔斯(Wintlers)的家中,在他们的帮助下,他的知识面得到了扩展,重新参加了考试并轻松过关。

联邦理工学院的学习氛围与他之前所在的老派德国学校截然不同。联邦理工学院的学术深度和对科学的专注吸引了爱因斯坦的注意。但一切并非一帆风顺,物理系主任认为爱因斯坦太过自行其是。他告诉爱因斯坦:"你是个非常聪明的男孩,但你也有一个很大的缺点:你永远不会让别人教你任何东西。"总体来说,尽管不时地会与权威发生摩擦,但爱因斯坦在联邦理工学院的生活还是快乐的。

现在,与早年形成了鲜明对比的是,远离家人的日子成了他生活中最棒的一部分。他的父亲又一次生意失败,被迫找了一份低工资的普通工作。家里的经济状况窘迫,家人的情绪也很低落,爱因斯坦试着尽量与家人保持距离。

尽管爱因斯坦在联邦理工学院找到了知识的乐土,但这并不意味着他是一个将方程视为比异性更有吸引力的反社会书呆子。他谈了很多女朋友,最后遇到了一个非常特别的女孩。女孩名为米列娃·马里奇(Mileva Maric),爱因斯坦疯狂地迷上了她,或许部分原因是他屡试不爽的魅力未能赢得米列娃的芳心。爱因斯坦追了米列娃足足两年时间才将其攻克。

即使联邦理工学院拥有卓越的科学教育水平,爱因斯坦最后仍成了一名差生。他对课程非常挑剔,只去自己心仪的课程。如果不是密友马塞尔·格罗斯曼(Macel Grossman)帮助爱因斯坦做了本应出席的所有课程的详细笔记,且爱因斯坦在临考前通过这些笔记抱佛脚,他甚至很难取得学位。在格罗斯曼的帮助下,爱因斯坦毕业了。他仍然采用自己的独特方式,而没有遵循常规的学术路径。

通常,对于像爱因斯坦这样的人,人们总会期望他去申请一个研究生的席位,继而攻读博士学位。与之相反,他放弃了学业开始寻找工作，并希望自己能在业余时间通过凭空构想自己的论文来获得博士学位。这并不完全是他在学术生涯上自行其是的风格以及叛逆之举造成，事实上另有原因。自爱因斯坦放弃了德国公民的身份，他成了无国籍者，这可不是什么好事。他希望自己成为瑞士公民，但这必须在他获得全职工作后才有可能。他写信给当时知名的科学家，询问他们，能否招他做助手。但他运气并不好，不得不最终选择了教书的工作。

爱因斯坦所授课程的质量如何并无记载，但极可能与他的前辈艾萨克·牛顿（Isaac Newton）相似，他们都是好的思考者而非好老师。牛顿有个臭名昭著的典故，经常在空教室里授课，上课风格也一样糟糕。且不论爱因斯坦在启发他人方面做得好坏，可以确定的是，他认为教学占据了他太多的思考时间。故而，他在 1901 年刚取得瑞士国籍时，就寻思着找一份更易敷衍的工作（既能给他足够生活的钱，又不会干扰他真正的工作）。他视自己为一名独行侠，在茂密的未经探索的科学森林中披荆斩棘。这次，又是他的朋友马塞尔·格罗斯曼解决了爱因斯坦的工作需求。

格罗斯曼的父亲有位名叫弗里德里希·哈勒尔（Friedrich Haller）的官员好友，他掌管着位于伯尔尼（Bern）的瑞士专利局。格罗斯曼在恰当的时机向哈勒尔介绍了爱因斯坦，当时恰好出现了职位空缺且这个空缺还未被广而告之。职位是专利干事（第二级），工作内容是处理专利申请并评估其是否合格。在面试完爱因斯坦后，哈勒尔判断爱因斯坦显著的智力以及对理论的良好领悟力是该职位的上佳选择。惹恼爱因斯坦的是，哈勒尔认为他的生活经验不足，所以他获得的职位是更低的专利干事（第三级）。

看起来，这样的一份工作对于像拥有爱因斯坦这样脑袋的人来说是难以置信的繁琐，但实际上，他找到了一种从儿时起就未曾拥有过的满意生活。他享受于这份工作给他带来的稳定，也对工作给予他自由思考的机会感到惬意。爱因斯坦在未婚妻米列娃搬来之前写信给她："伯尔尼的生活很快乐，这是一个精致而舒适的古老城市。"爱因斯坦 26 岁时与米列娃结婚，生了个儿子，名为汉斯·阿尔伯特（Hans Albert）。

爱因斯坦对当爸爸感到兴奋，但每次他看到孩子时总会回忆起一些不好的往事。汉斯并非他们的第一个孩子。米列娃在来伯尔尼前就生过一个女儿，当时他们还未结婚，爱因斯坦还未找到稳定的工作。他们无力抚养那个孩子，没人知道他们的女儿莉塞尔（Lieserl）到底经历了什么。鉴于爱因斯坦最终的名气，后来的人们付出了巨大努力寻找她的踪迹，但并无结果。也许，她被送到了匈牙利让米列娃的家人抚养。也许，她未曾活过第二次世界大战。

不过，大多数时候，爱因斯坦并未过多在乎这些悲伤思绪。私底下，刚踏入工作时，他曾以为工作会很艰难——并非是智力上的困难，而是他认为自己的实践能力或许很差。在学校时，他写过一篇关于自己长大后希望做什么的散文。他说，自己终会从事理论教学，因为他更擅长抽象的数学思考而缺乏实践能力。

令爱因斯坦惊讶的是，专利局的工作很容易。当他阅读专利申请时，那些发明就像进入了他的大脑。他也许不善于使用双手实践，但他极擅长在大脑中组合实验。对他来说，将发明专利在脑海中图像化并找到缺点非常简单。这份工作很容易，压力很小，有利于他获得时间专注于自己的思考。在审查发明专利不用花费多少精力的情况下，他的思考如同插上了翅膀在理论物理学的天空自由飞翔。他在一年之内（1905年）发表了三篇独立的原创论文，其中任何一篇都足以获得诺贝尔奖。

第一篇论文研究的是布朗运动。人们在多年前就注意到了一种现象：像花粉这样的微粒能在水里四处跳动。最初记录这一现象的苏格兰生物学家罗伯特·布朗（Robert Brown）认为，这种运动是由于花粉存在某种生命力，但他发现同样的现象也发生在古老的、死亡已久的花粉甚至尘埃上。

1905年，很多人提出，这种不规则运动是由于水分子撞击更大的花粉微粒，造成了花粉的运动。只有爱因斯坦做出了精确且符合该现象的数学描述。他提供的理论证明，原子和分子产生这种效应是可能的。现在的人们很难相信，在 20 世纪初，原子的实在性仍被人们广泛质疑，许多人认为原子只是一种有用的模型而非实体。

爱因斯坦的第二篇杰出论文研究的是光电效应。论文用数学语言描述了光撞击某些材料后将电子击出产生电流的方式，这篇论文帮助爱因斯坦赢得了诺贝尔奖。听上去，这个项目或许并不重要，但爱因斯坦的新方法将对物理学带来巨大影响。

爱因斯坦照搬了年长的德国物理学家马克斯·普朗克（Max Planck）的理论，普朗克认为光应被视为一小份一小份的。普朗克发明这个理论仅是为了计算方便，但爱因斯坦研究了光确实由粒子组成的假设（后来，这种粒子被称为光子）。爱因斯坦不仅解释了光电效应，还为量子理论奠定了基础。

在这里程碑的一年里，他继续撰写了第三篇论文，正是这篇论文使人类制造第一台真实的时间机器成为可能。在大众心目中，这篇论文使所有物理学家甚至是所有人都黯然失色。很少人会记得论文的题目《关于运动物体的电动力学》（*On the Electrodynamics of Moving Bodies*），但这篇论文对科学的变革将在全世界产生长远而深刻的影响。关于爱因斯坦最初是如何产生这个思想的，目前尚存争议。较好的一个版本是，他在公园做白日梦时获得了这个灵感。

在这个版本的故事中，阿尔伯特和米列娃在伯尔尼精致的城市公园带汉斯·阿尔伯特散步。爱因斯坦决定在河岸草地上休息一会儿，由米列娃照顾儿子。爱因斯坦躺了下来，扯了一片青草叶，用手指一点点撕碎。他让明亮的阳光穿过半闭的眼睑，享受脸上的温暖。他的睫毛将阳光分成了一百根闪烁的光束。爱因斯坦想象光在空间流动就像一条耀眼的河流。他想象自己骑在太阳光的光束上，随着光之河漂浮。这只是一次纯粹的思想小憩。

第二天，在办公室处理专利申请时，他的思绪又飘回了在公园的那一刻。他想象自己随着日光飘浮，自己会看到什么？爱因斯坦没有只停留在日光梦幻之旅中，他意识到了想象背后隐藏的事物。他读过苏格兰物理学家詹姆斯·克拉克·麦克斯韦（James Clerk Maxwell）的作品译本，麦克斯韦曾提出光是电和磁的相互作用。

据麦克斯韦所言，光的行进是因为运动的电场产生磁场，而运动的磁场也能产生电场。如果你能让电波和磁波以光速运动，那样，电能产生磁，磁能产生电。如此这般，无需其他支持，电磁波就能自发穿越空间。但让这种情况得以发生的速度只有一个唯一值，这种让麦克斯韦大吃一惊的速度就是光速。他发现了光的本质。

回到伯尔尼的专利局，爱因斯坦搁下了那些专利申请书，他或许是站了起来在办公室踱步。他将麦克斯韦的精巧理论与自己随着日光飘浮的白日梦结合起来，蹦出了一个新问题。他担心的是，在他的白日梦中，日光的光束并未运动。如果，他和光以同样的速度旅行，他身边闪烁的光束就没有运动。

原因来自于一个被称为相对论的概念，最早，伽利略在几百年前就发现了这个概念。例如，你坐在一艘封闭的船里，船在海里匀速航行，没有加速，就没有办法分辨你是否处于运动状态。相对于船，你没有运动。相对于海，你在运动，但船也与你一样。从你的视角看，船是静止的；从船的视角看，你也是静止的。

相似地，当我们自认为静止地站在地面上时，我们需要记住：（1）我们每天都在跟随地球自转；（2）地球公转时，我们也在跟着飞驰；（3）如果你以银河系之外的物体作为参照，我们还跟随着银河系以每秒许多英里的速度穿越宇宙。一切运动皆有参照物，当爱因斯坦想象自己随着日光束飘浮时，光束相对于他而言没有运动。

这也产生了一个问题：如果光并未以光速运动，就不会存在。不以光速运动，则电场不能产生足够的磁场，磁场也不能产生足够的电场，整个系统就会崩溃。爱因斯坦为此冥思苦想。要么，是麦克斯韦搞错了；要么，光具有非常奇怪的性质。爱因斯坦知道麦克斯韦是正确的，所以，一定是随日光束飘浮的白日梦出了问题。

常识告诉我们，如果我们与运动的物体相向而行，它的运动速度会比我们静止不动时的速度更快。如果我们背离该物体运动，它会运动得更慢。相对论在其中起了作用。爱因斯坦认识到，光是不同的且是独一无二的不同。无论我们相对于光如何运动，光只会以同样的速度前进。在真空中，光速接近于每秒 30 万公里。与自然世界其他物体不同，无论从任何角度看，光都以同样的速度运动。

爱因斯坦并非第一个认识到光奇异运动方式的人，但他是第一个将整件事串联起来的人。在接下来的几个星期，他利用专利局的空闲时间认真研究他的新认识产生的后果，他发现某些后果令人震惊。

当把不变的光速插入运动公式时，其他一些地方必须妥协，我们通常假设不变的地方必须改变。爱因斯坦认识到，任何接近光速运动的物体都会产生与日常体验完全不同的现象。当光速固定时，之前的常数，物体的质量、尺寸，甚至是物体经历的时间都成为了可变量。

当物体接近光速运动时，它会无限收缩并变得极为沉重。物体经历的时间也会脱离慢速世界的时间流逝速度。如果，我们用身边的时钟与一艘以光速运动的飞船上的时钟相比，飞船上的时钟会变慢。当飞船越来越接近光速时，时钟会变得越来越慢，并在飞船达到光速时完全静止。这并非障眼法——以地面上的观察者的角度去看，飞船上的时间一定变慢了。

假设有一种非常特殊的时钟，这种时钟的钟摆是一束光。有一艘飞船以接近光速的速度掠过我们，飞船上有一个装有两面镜子的时钟，一面镜子在另一面镜子的上方，其镜面相对放置。在这个特殊的时钟内部，钟摆是一束从顶部镜子到底部镜子来回反射的光。

飞船掠过了一个观察者，我们以这个观察者的角度看这个时钟（前提是必须假设飞船为透明）。我们会看到那束脉冲光离开顶部镜子向下运动。受飞船系统横向运动的影响，这束光抵达底部镜子时不会选择两面镜子间的最短的垂直距离。相反，它会选择一条更长的斜线。与飞船不动时相比，光到达底部镜子的时间会更长。

相似地，当光束调头往顶部镜子运动时，从外部观察者的角度看，它会以一个角度运动并再次选择一条斜线路径。所以，从外部观察者的角度看，光回到顶部镜子的时间会更长。如果光束来回运动一次的时间（相当于一次钟摆的摆动或者时钟的一次走时）越来越长，那么，从外部视角来看，时钟走得更慢了。

你也许会认为："这种说法没问题，但这种情况只会在时钟放置的方向与飞船运动方向垂直时才会发生。如果，我们将时钟水平放倒，使光在飞船运动的方向上来回运动又会怎样？"你仍会检测到同样的时间减慢效应，只是计算的过程更复杂，因为你必须同时考虑时钟的运动和运动方向产生的收缩。爱因斯坦 1905 年提出的相对论预言运动可导致物体发生收缩。

这种时间膨胀效应在物体接近光速运动时尤为明显。在我们周围的以常速速度运动的物体中，这种效应微不可察，所以，牛顿定律不需要考虑这种效应也能适用。但是，现代的设备能检测到这种水平的变化，并证明牛顿定律并非那么准确。

原子钟能将时间细分为小于十亿分之一秒的量度。原子钟的体积很小，可放进任何一个行李箱。我们拿出两个这样的超精确计时器，将其完全同步。接下来，我们将一个放置于地球同步轨道绕地球飞行，另一个则牢牢地放置于地面。随后，我们将天上的那个时钟放回地面上的同伴旁，对时间读数作比较——旅行归来的时钟会慢于地面时钟大约三十亿分之一秒。实验证明了飞在天上的时钟走得稍慢。

一位飞行常客在经历了四十年每周一次穿越大西洋的飞行后，会比地上的参照者年轻大约千分之一秒。如果光速可降低，狭义相对论对空间和时间的影响效应将变得更加明显。在一个光速为每秒四分之一英里的世界里，同一位飞行常客与从不飞行的参照者相比要年轻一岁。但光速是恒定且快速的，正是这个极大的光速阻碍了牛顿定律被人们更早地质疑。

我们可以在一种被称为介子（muon）的粒子身上更清楚地看到这种时间效应。自然中的介子以近乎光速的速度运动，当来自太空的高能粒子（即宇宙射线）冲击地球时，能直接在大气中产生介子。介子衰变得很快，它们的寿命不足以支撑它们到达地面。如我们引入爱因斯坦奇特的相对论效应，介子的寿命将会被增加大约五倍。这让它们有机会抵达地面。

当爱因斯坦发表这篇论文时，论文中的奇特世界观吸引了其他科学家，也吸引了诸多大众的兴趣。他的理论被称为"狭义相对论"。狭义的意思是，这是一种特殊情况，因为他只考虑了匀速运动（没有加速）的物体。贡献了这一理论，爱因斯坦发现自己成了世界媒体追捧的宠儿。他再也不能躲在专利局办公室里安静地思考了。这次，他将横扫学术界。

虽然学术界和爱因斯坦的第一次接触仅是给他授予荣誉学位，不过，爱因斯坦终在 1909 年获得了苏黎世大学的理论物理学主席职位并离开了专利局。1909 年，他还完成了科学家的成人礼，第一次在会议上宣读了一篇论文。他在这篇论文中揭示了一个推导自狭义相对论的方程，也是人们每次提到爱因斯坦都会浮现于脑海的方程，现今为止最著名的方程：$E = mc^2$。

时间在光速下会减慢至静止，从这点似乎能很自然地推出另一个结论：如果我们的速度超过光速，时间就能逆转。但这并非一个可立刻得出的结论。现实中的光速屏障具有不连续性——我们无法想象物体会以稳定的状态越过光速。不过，相对论的数学推导确实间接预测了超光速旅行将使时间逆转成为可能。一切都可归结为同时性的相对性（relativity of simultaneity）。

这个术语的意思其实很简单。从对狭义相对论的基本观察中，我们可以发现，当观察者运动时，两个同时发生的事件的概念会被修正。爱因斯坦在一篇科普文章中，使用了两道闪电同时击中一条铁轨不同位置的例子——如果你站在两个位置的正中间，两道闪电产生的光将同时到达你的位置，你会认为这两者同时发生。

但是，请考虑另外一种情况。如果，你在一辆火车上沿着铁轨运动，你会首先看到前进方向的闪电。虽然光的速度保持不变，但光运动的距离被改变了。现在，相对论告诉我们，并不存在特殊的参照系，参照系其实只是个体的视角。所以，一个观察者可以坐在铁轨上不动，另一个观察者可以坐在火车上旅行。因为不存在特殊的参照系，行驶火车上的观察者的视角与不动的观察者的视角皆有效。两个事件要么同时发生，要么有先后之别，其结果取决于你的运动方式。

在你的运动速度未超过光速的前提下，如果在一种参照系中，事件 A 发生于事件 B 之前，你永不会发现两个事件的发生次序被逆转，即事件 B 先于事件 A 发生。请注意，一旦你实现了超光速运动，那么次序或将有办法改变，即事件 B 先于事件 A 发生。一旦你做到了这点，只需一些小调整，你将能实现逆时的旅行回到过去。

狭义相对论为时间旅行提供了双重机会。如果你的运动速度无限接近光速，你相对于外部世界的时间就会无限减慢。实际上，就是你在时间里向前运动（前往未来）。如果你的旅行速度超过光速，你就拥有了在时间里向后运动（回到过去）的办法。

狭义相对论是爱因斯坦对时间旅行科学做出的首个重大贡献。他在物理学上的第二次重大突破虽然发生在他学术上功成名就之时，但背后的思想仍能追溯到专利局的岁月。他后来自评："我当时正坐在伯尔尼专利局的办公椅上。突然，我产生了一个想法——如果一个人自由落体，他将无法感觉到自己的重量。我当时非常吃惊，这个简单的想法给我留下了深刻的印象。"

这个想法的直接影响也许并不明显，但我还是要首先强调它的真实性。听到这个想法，最先浮现于你脑海的也许是一个跳伞者，不过他（或她）会受空气阻力的影响，我们很难看出爱因斯坦实验的真实效果。想一想，某个在太空站围绕地球转动的人，我们时常在电视上看到宇航员自由飘浮的场景。我们通常简单理解，认为他们远离了地球所以失去了重力，但这是错误的。

如果你拿着一个物体到国际空间站的轨道上（轨道大约距离地球

300—400 公里），将你的物体静止放置在地球上空，你松开手，它会下落。此时，物体受到的重力比地面上小，但仍会下落。即使在远至月球轨道的位置，地球的引力作用也会产生显著的影响，否则，月亮就不会留在它现在的轨道上了。实际上，宇航员和空间站与上述物体一样都在下落。不过，他们的下落方式让他们成功避开了地球。

环绕地球运动的空间站（或宇航员）在向下运动的同时，还在做切线运动，切线运动的方向与地球的表面成 90 度夹角。如果只进行切线运动，它们与地面的距离会越拉越大。如果我们忽略空间站下落问题，它会离开轨道飞向太阳系。正是下落运动和切线运动的合力使空间站留在了轨道中。

所以，自由落体的人与空间站的人一样，感受不到重力。爱因斯坦推论，加速度（一般指速度的改变。在下落的例子中，表现在你下落得越来越快的过程）和引力的作用在本质上相似。它们产生了同样的效应，它们是等价的。

这个所谓的"等效原理"存在一个技术限制——只有涉及对象为一个点而非一个大物体时，等效原理才最精确。举例，你在一艘飞船里飞向天际，你在飞船的动力和地球对你的引力的共同作用下向上作加速运动。显然，飞船的前端与后端的加速度相等、向上推力相等，但飞船的前端与后端所受地球引力却稍有不同，因为一端比另一端更接近地球。等效原理在这样的场合下会出现偏差。不过，如果只看空间中某个特殊点，等效原理则非常精确。

爱因斯坦从这个简单的想法中产生了他的杰作——广义相对论。广义相对论建立在狭义相对论的基础上，不仅囊括了匀速运动，还包括了加速度和引力各司其职的真实世界。此外，广义相对论远不止是运动定律的扩充，它在基础水平上描述了宇宙的行为，即空间和时间如何被物质的引力效应影响。

虽然在数学上，广义相对论非常复杂，爱因斯坦甚至需要别人帮忙解决核心理论中复杂的多维方程。但这一概念的本身却相当简单。如果等效原理有效，那么加速的物体产生的效应与引力效应可以互换。

爱因斯坦想象，自己置身于一个下落的电梯，看到从外面射进一束光，这束光在电梯下落过程中穿过电梯。从电梯外面看，光源没有动，这束光以直线运动；从电梯内部看，光是弯曲的。因为光穿过电梯的这段时间，电梯下落了一定位移，所以光射中对面墙的位置要比预期更向上。因为确定加速度与引力产生的效应相同，爱因斯坦推断，当光靠近一个重物体并受其引力影响时，光的行走路径会发生弯曲。

我们知道，光是以直线运动的。如何才能调和这两种情况带来的矛盾？爱因斯坦设想，或许重物体弯曲了空间本身，所以光本来的直线路径被迫沿着被弯曲的空间结构呈弧线分布。科学家们通常用下面的例子作对比描述：将一个保龄球放到一张紧绷的橡皮床单上，保龄球的重量使床单弯曲，在床单表面划的直线变为了向保龄球方向弯曲的弧线。一束光总是沿着自身视角作直线运动，所以从外部观察者的角度看，它会沿着弧线运动。

橡皮床单与现实的唯一区别是，空间是三维而床单是二维的、扁平的。这个橡皮床单的模型在解释光被弯曲的方式时有用，但也不完美。通常，你会看到这个模型遗忘了引力的另一面。想象，有个类似于地球的重物，我们将空间中的另一个物体（比如铁球）放在重物附近，会发生什么？

设想橡皮床单模型的一个简单应用场景：地球在橡皮床单上产生了一个巨大的凹陷。如果铁球放置的位置距离凹陷足够近，它会向下滚到凹陷处，如同放在太空中的铁球会下落到地球上。不幸的是，如此应用该模型会导致循环论证。是什么让球向下滚落到床单上的凹陷处？答案是引力！事实上，我们正使用床单解释引力的机制，所以，我们不能将引力介入该机制的解释。

当我们考虑光线的弯曲，或者观察运动物体的路径（在引力作用下会弯曲）时，会出现另一种情形——在这个模型中，运动物体不会沿着代表空间的床单滚动，而是在其中穿行。我们将一个球放在床单上，让球往凹陷处滚落。坐在外面观察，我们能看到模型的扭曲会到达临界点。

一旦空间被弯曲，我们就要修正直线的概念——这对于理解广义相对论影响下的宇宙性质非常重要。试想有一张普通的世界地图。你在地图上从纽约到伦敦划一条直线，并天真地认为这是两个城市之间的最近距离。但如果标绘真实的航线图，你会划出一条向北弯曲的弧线。为什么不是之前的直线？因为地图并非现实。

地图是一种投影。地图将地球的表面（二维平面被弯曲进入了第三维）投影到了平面上。当我们真正从纽约旅行到伦敦时，飞机是沿着一个弯曲的表面飞行。在这个表面上，两点间最短的距离是被称为大圆（great circle）的一段弧线——这段弧线显然比投影到地图上的直线长很多。

与此相似，在弯曲的三维空间中，两点间的最短距离（一束光走的路径）也会变为弧线。空间弯曲得越厉害，弧线弯曲的程度就越厉害。实际上，被弯曲的并非只有三维空间。爱因斯坦证明了，威尔斯也提出过，时间是第四维。被扭曲的"橡皮床单"并非空间，而是时空（space - time）。引力也会影响时间。

受益于广义相对论，爱因斯坦登上了事业成功的巅峰。但在他工作之外的世界，一切都在恶化，第一次世界大战爆发了。爱因斯坦强烈地反对武装侵略，所以花了很多力气利用自己的名气支持和平运动，但收效甚微。同时，他的婚姻也触礁了。爱因斯坦在柏林找到新职位后生了一场病，而米列娃留在了瑞士。朋友埃尔莎·勒文塔尔（Elsa Löwenthal）在生病时照顾了他，两人的关系由此变得亲密起来。埃尔莎的性格与米列娃正好反面，她更像一位家庭妇女。她对科学不感兴趣，但对爱因斯坦一心一意。1919年，爱因斯坦离婚后，埃尔莎成了爱因斯坦的第二任妻子。

进入20世纪20年代，德国当局对爱因斯坦的态度忽冷忽热。爱因斯坦作为著名德国科学家（他放弃德国国籍这件事被当局有意忽视）的身份被大力宣传并褒奖。德国地方政府赠予了爱因斯坦一栋位于哈弗尔河畔（Havel River）的房子，以庆祝他50岁的生日。与此同时，爱因斯坦也被描述为一位犹太科学家，这逐渐让他成为了被怀疑和诋毁的对象。1932年，他和埃尔莎离开了德国，从此再未回去。他在美国新泽西的普林斯顿大学高等研究所（Institute for Advanced Study（IAS）at Princeton University）找到了新的精神家园。

高等研究所由纽瓦克（Newark）商人路易斯·班伯格（Louis Bamberger）和他的姐姐卡罗琳（Caroline）建立，聚集了全世界的理论科学专家（直到今天，这里也没有实验室）、数学家和历史学家。这里提供了一个宽松的环境，没有学生和授课的干扰，这正是爱因斯坦最喜欢的地方。研究所提供了大学能提供的所有好处（从学者的角度看），不必浪费时间被杂务干扰。这里没有教学任务，只需思考就能拿到酬劳，他在这里快乐地度过了余生。

在高等研究所超过20年的时间里，爱因斯坦付出了巨大的努力试图统一所有自然力的运行机制，即将电力、磁力、引力和原子力皆以同一种方法解释。与他后来所有的继任者一样，他失败了，但这并不意味着他一无所成。他在很多项目上的思考都为科学作出了贡献。他还第一次参与了与军事相关的应用项目。虽然爱因斯坦原则上仍是和平主义者，但他渐渐意识到，自己必须支持第二次世界大战中的盟军，纯粹是出于对邪恶纳粹的厌恶。他甚至鼓励美国总统罗斯福研究原子弹，因为他担心德国人会率先成功。

不过，爱因斯坦并未直接参与原子弹项目。原子弹也许依靠了他的史诗方程 $E = mc^2$，但爱因斯坦的理论没有任何东西与原子弹制造相关。他对实践工作从不感兴趣，他敦促总统务必确保美国不会落后，也许是因为他早就发现研发这种大规模杀伤武器难度极高。

在他生命中的最后几年，爱因斯坦变得越来越像个典型的心不在焉的天才，正如媒体对他的描写。一次，他不得不打电话给自己的办公室，询问自己的住处地址。他遇到了麻烦，因为他的办公室严格规定不能将他的住址随意泄露，他没法说服办公室相信他是真正的爱因斯坦。1955 年 4 月 18 日晨，爱因斯坦逝于普林斯顿医院。

爱因斯坦是非凡的传奇人物，与牛顿一样。一些与爱因斯坦相关的故事或有夸大其辞甚至捏造成分，但即使是传说也无法遮挡他在科学上的巨大贡献。

我们需要记住的是，传统认知中留着一头乱糟糟白发的快乐、邋遢老人形象的爱因斯坦，并非提出狭义和广义相对论的爱因斯坦的真实形象。1905 年，爱因斯坦写出狭义相对论论文时仅 26 岁。当时的他衣着精致，留着整齐的黑色短发，与晚年的典型形象完全不同。那时的他是活力四射的青年，而非古怪、心不在焉的老头儿。

我为爱因斯坦贡献了整整一章的内容，因为狭义和广义相对论使我们能操控时间。它们并非假定的理论思考，而是事实，甚至我们每天开车时都会受到它的直接影响。当人们运行全球定位系统（GPS）卫星时，必须考虑狭义和广义相对论对时间的影响。如果忽视这种影响，GPS 导航系统将不能准确地工作。

狭义和广义相对论对 GPS 卫星上的时钟具有相反的效应。狭义相对论起作用是因为卫星相对于地面在运动，这意味着地面上的接收器会观察到卫星的时钟变慢。这直接影响了 GPS 的使用，因为系统对 GPS 接收器上的位置的修正，依靠的恰恰是时钟的比较。

但狭义相对论并非唯一的因素。根据广义相对论，时钟在引力作用下会变慢。引力牵扯越强，时钟就走得越慢。这意味着，卫星上的时钟比地面上的接收器受到的引力拉扯更弱，所以会走得更快。

两种效应的方向相反，但并不能相互抵消，因为广义相对论产生的时间移位（time shift）更强。狭义相对论意味着卫星的时钟一天会大约损失 7 微秒时间，广义相对论会导致卫星时钟一天大约多出 46 微秒，两者相加约 39 微秒。人们或许会认为这个数太小，但 GPS 依靠的却是毫秒级的精确度。随着时间的推移，时钟与地面的不同步会越来越大。如果 GPS 系统不考虑相对论，几分钟之后就会发生故障。

正如狭义相对论与广义相对论对 GPS 的影响，它们对时间旅行的机制也影响较大。最重要的是，它们都是真实的可观察现象，都能修正时间的流逝速度。在日常生活中，相对论的效应较小，因为我们体验不到以接近光速运动的物体。但是，随着物体的运动速度越来越快，或者是涉及到那些真正巨大的物体时，这些效应会体现出来。如果我们的速度足够快，时间的流动是可逆的。至少，这是研究时间旅行的科学家们所希望的。

在我们开始理解诱人的时间机器运行机制之前，有必要后退一步，先研究一下时间本身。如果不能真正认识时间，欲在其中旅行是艰难的。如此一来，我们必将遇上一个困扰了诸多古代哲人的问题——时间是什么？

3　时间往事

我们以为自己知道什么是时间，因为它可以被我们测量。但我们刚思考时间，时间的幻影就飞逝而去。

——罗伯特·M. 麦基弗（Robert M. MacIver）（1882—1970），《社会科学要义》（*The Elements of Social Science*）（1921）

大多数人会发现思考时间是件棘手的事情，而且这并非什么新问题。人类自从有了哲学家，就开始思考时间的本质，并为此伤透了脑筋。

希腊哲学家们很久之前就开始思考时间的深奥本质，还担忧时间是否真实存在。有一个早期哲学家的团体伊利亚学派（Eleatic school）（在意大利南部的伊利亚，今天的韦利亚海堡附近）对我们生活中赋予时间流逝的种种性质（运动和变化）嗤之以鼻，并认为这些都是幻觉。他们流传下来的思考中有价值的部分几乎都是悖论。他们的成员之一芝诺（Zeno）即这些悖论的构想者，他的目的是揭示人们对变化的认识太奇怪。

我们对芝诺的生平了解很少，只知道他生活在公元前490—公元前425 年，是巴门尼德（Parmenides）的学生。芝诺的作品并未被流传下

25

来，流传下来的只有别人对他的四十个有趣悖论的评论，其中两个悖论与时间本质相关。

第一个悖论讲到了阿基琉斯（Achilles）与乌龟。这明显实力不匹配的一对主角决定赛跑，结果却出人意料。在伊索寓言中也有类似的龟兔赛跑的故事，乌龟打败了兔子是因为兔子的懒惰和狂妄。但在芝诺的悖论中，时间和空间的本质使阿基琉斯失败而乌龟获胜。

比赛开始时，阿基琉斯让乌龟先跑。这样更公平，毕竟，阿基琉斯是一名英雄。乌龟跑了一会后，阿基琉斯开始奋起直追。他很快跑到了在他起跑时乌龟所处的位置，但这时的乌龟已跑得更远了。这没有问题，阿基琉斯跑到自己起跑时乌龟所处位置时用时一定短于乌龟，但此时的乌龟已又跑出了一段距离。阿基琉斯再次起跑，如此循环，每次阿基琉斯赶上自己重新起跑时乌龟的所处位置，乌龟都处于更远的位置。这样，阿基琉斯永远也追不上乌龟。

这其实是一种特殊的无穷级数的示例。假设，乌龟的速度是阿基琉斯的一半（这只乌龟真是健壮）。阿基琉斯让乌龟先跑 1 秒，那么，阿基琉斯需要花 0.5 秒（1/2 秒）才能追到自己起跑时乌龟的位置。在这 0.5 秒时间内，乌龟会再次跑出一段距离。阿基琉斯需要花费 0.25 秒（1/4 秒）才能再次追至乌龟的位置。当阿基琉斯再次追赶时，乌龟再次移动的距离需要花费阿基琉斯 0.125 秒（1/8 秒）的时间。

依次类推，在这个实验中，阿基琉斯追上乌龟需要花费的总时间合计为"1 + 1/2 + 1/4 + 1/8 + 1/16 + 1/32……"。在这个无穷级数的例子中，无限个数值加起来的总数是一个有限数——本例中，这些分数在数学上无限相加后将得出一个有限数 2。按照这个算法，2 秒钟后，阿基琉斯就能打败乌龟。显然，芝诺的悖论在今天会很容易地被我们识破。乌龟并不能阻挡阿基琉斯的追赶，因为无穷个运动距离相加的总和也只需花掉一个很短的有限时间。但悖论的目的已经达到，它希望听者去思考时间与运动的本质：我们能将时间分割为无限个无穷小的片段吗？

芝诺的第二个悖论在帮助别人思考时间方面的成果尤其丰硕，这个悖论即"飞矢不动"。我们想象有两支箭，一支箭刚离开弓弦飞出，另一支箭悬在空中不动（一直未动）。现在我们来看看第一支箭正好飞到第二支箭上方的那一刻的情形。这事实上是让我们想象一张实时的快照，对那个尚未发明照相技术的时代来说，这个概念真是太先进了。

在那一刻，我们会看到两支箭悬停于空中的景象，一支在另一支的上方，两者都没有运动。问题来了，现在我们往前挪动至下一个瞬间。当一支箭停在原地不动时，另一支箭是如何知道自己要动的呢？尽管两者完全不同，但我们在时间凝固的那一刻，看不出两者的区别。以今天的观点来看，区别是明显的，两支箭具有不同的动量和不同的动能。此外，以爱因斯坦的狭义相对论的观点来看，两者观察地面上时钟的方式也不一样。但这个悖论仍是一个刺激我们思考的绝佳例子。如果时间真的被分割为一些无穷小的时刻片段，在每一个时刻，运动的箭矢皆为静止，是什么告诉箭矢在下一时刻改变位置的呢？

芝诺关心的是运动和变化的本质，只是捎带对时间表达了一点兴趣，不过还有其他一些希腊哲学家直接怼上了时间。

在思考过时间本质的古希腊哲学家中，最著名的两位是柏拉图（Plato）和亚里士多德（Aristotle）。柏拉图大约在公元前428年出生在雅典。柏拉图原名为阿里斯托克勒斯（Aristocles），柏拉图这个名字极可能是他的绰号"宽肩者"的音译。他出身于一个很富有的家族，他是家族中最小的儿子。他的家族热衷于政治，但雅典与斯巴达之间最后一次伯罗奔尼撒战争（Peloponnesian War）之后发生的动乱使政治成为了危险的追求。

柏拉图的老师苏格拉底（Socrates）在公元前399年被处决的事件让柏拉图痛切地认识到了政治的危险。苏格拉底在法律上被指控的罪名是——藐视众神并传播自己的伪神。但实际上，他获罪的真正原因或许是批评了权力人物。苏格拉底的命运使柏拉图认为，研究数学、科学和哲学，比政治生活更安全。

柏拉图对时间的思考是将时间与造物主的概念联系起来。在他的

《蒂迈欧篇》（*Timaeus*）中，他描述了宇宙的创造过程，陈述了"永恒的运动形象"以及"我们称这个形象为时间"这样的表达。他将过去与未来视为现在的虚幻扩展，类似于运动与运动物体之间的区别。

亚里士多德于公元前 384 年出生在希腊北部的斯塔基拉斯（Stagirus），他是柏拉图学院［建立在阿卡德谟斯（Acadmos）的一片树林里］的学生。亚里士多德后来成为了最受尊崇的古希腊哲学家。他将柏拉图的理论更进了一步，主张时间就是运动。这听起来似乎很合理，因为时间总是通过运动来计量——太阳在天空的运动、沙漏中沙子的运动、水钟里水的运动。

亚里士多德无法接受过去与未来不存在的说法，因为它们对运动来说是必要的，运动是他对时间的基本描述。正如芝诺在"飞矢不动"悖论中的阐述，如果你只能拥有某一瞬间，就不会有运动。在亚里士多德的世界里，如果在某些奇怪的情况下所有运动停止，每一个原子都静止（亚里士多德并不认同原子理论），就没有时间的流逝。据亚里士多德认为，时间只会在运动再次开始后存在。

更为人所知的时间思考者是圣·奥古斯丁（Saint Augustine），他是基督教会早期最有影响力的智者之一。奥古斯丁于 354 年出生在阿尔及利亚（Algeria）的塔加斯特城（Tagaste）［今天的桑克阿克拉（Souk－Ahras）］一个农民家庭。他后来成为了北非的一个罗马城市希波城（Hippo）的主教［希波今天被称为安纳巴（Annaba），也在阿尔及利亚］。他极富幽默感，在他的《忏悔书》中有一句著名的话，他年轻时曾这样祈祷，"赐予我贞洁与节制，但不是现在"。

《忏悔书》写于奥古斯丁在 396 年成为主教后不久。他的任命引起了较大的争议，既因为他曾在国外受洗（意大利米兰），还因为他尝试过很多其他宗教，并在成为基督徒之前攻击过基督教会。大众对奥古斯丁的批评公开且强烈。他的《忏悔书》既是他针对批评的辩护，也给了他一个探索创世本质的机会。

读《忏悔书》时，很难不与奥古斯丁产生共鸣。

时间是什么？谁能简洁地解释它？谁能在头脑中理解它？这样，才能用语言准确地作出回答。然而，在我们的日常对话中，我们谈论的时间更多的是在指什么？当我们谈论它时，我们肯定知道自己的意思。我们还知道，当我们听到其他人谈论它时是什么意思。那么，时间是什么？没人问我，我就知道；有人问我，我需要向问询者解释它，我就不知道。

奥古斯丁试图解释时间的本质。他告诉我们，我们无法真正说时间存在，相反，它更倾向于不存在。他的意思是，过去与未来不在此时此地，它们是我们直接体验的现实的一部分——同时，现在也在不停地流逝。所以，某种意义上，时间更像是一个方向，而不是一个实体。

虽然奥古斯丁没有思考过时间机器，但他确实说过一段有助于我们思考在时间中的旅行是否可能的话。他说："如果未来和过去的事件存在，我想知道它们在哪里？如果我无法回答，至少我知道，无论它们在哪里，它们并非以未来或过去的形式存在，而是以现在的形式存在——因为如果它们在未来，它们还未到达那里；如果它们在过去，它们已经不在那里了。"没错，这个看法虽然简单，却很重要。如果我们想前往未来或回到过去，那么，未来或过去必须变成我们主观上的现在。

这听起来似乎令人沮丧。现在，我们虽然有办法将时间描述为时空连续统的一部分，甚至有可能操控时间，但我们对"时间是什么"的看法并不比先贤进步多少。这就是为什么你会发现几乎每本与时间有关的书都会引用亚里士多德和圣·奥古斯丁的话。这是一个科学家很难真正讨论的话题，这个话题留给了哲学家，而哲学的方法似乎不能给我们提供任何有用的科学建议。

在结束对时间观历史的讨论前，如不探讨一下人类是如何计量时间流逝的话，就太过粗枝大叶了。我们熟悉时间的一大堆单位——年、月、周、日、时、分、秒——一些单位的划分基于天文学测量结果；另一些单位则是随意的划分，不具有现实意义。

大体上，年月日都是自然的时间单位。年，反映地球围绕太阳一周的时间；月，不精确地基于月相经历一次完整变化的时间；日，是地球完成一次自转所需要的时间。

周，则没有那么直接。周的划分有点奇怪，一部分来源于天文学，这反映在一周七天的名字上，这些名字来源于古代著名的五大地外行星（水星、金星、火星、木星和土星）以及两大著名的天体太阳与月亮。在英语中，只有星期六（Saturday，Saturn，土星）、星期日（Sunday，Sun，太阳）、星期一（Monday，Moon，月亮）还保留了天文学名字，其他几天则被基于北欧神话的名字替代。例如：星期三（Wednesday）来源于主神奥丁（Woden），星期四（Thursday）来源于雷神索尔（Thor）。其他的影响因素还包括犹太教－基督教传统，这些传统允许人们一周工作六天，第七天作为安息日休息。

将小时划为分钟归功于巴比伦人，他们使用的是 60 进位的数字系统，这套系统传承自苏美尔人。秒则是更为现代的概念，按照字面意思，即这种划分方法的"二次应用"。将一天分为 24 小时则是古埃及人的发明，他们将白天和晚上分别划为 12 个小时（12 是个便利的数字，可以同时被 2、3、4 整除）。最早，小时的长度是可变的——人们将天黑时间分为 12 个小时，天亮时间分为 12 个小时。这意味着每个小时的长度在一年里皆处于变化态，因为白天和晚上的长度处于变化态。今天我们熟悉的等长的小时制，直至中世纪机械时钟流行之后才被人们使用。

不幸的是，尽管这种年月日的自然计时法在大体上没有问题，但它们在实际生活中并不能运行得绝对精确。太阴月（lunar month）数目就不是整数，一年大约有 12.37 个太阴月，每个太阴月有 29.53 天。又如太阳年（solar year），本身就不是精确的数字，大约为 365.25 天。这给日历带来了麻烦，我们可从日历的发展历程上看出来。

现代的日历从最初的罗马日历发展而来。第一部罗马日历的一年有怪异的十个月，包含了 304 天。这十个月分别被命名为"Martis"（战神）、"Aprilis"（模糊指向一年中的最佳养猪时间）、"Maius"（或许是个地方神）、"Junius"（神后朱诺），接下来罗马人似乎已绞尽了脑汁，直接用数字命名："Quintilis"（第五）、"Sextilis"（第六）、"September"（第七）、"October"（第八）、"November"（第九）和"December"（第十）。

这部日历发行后不久，另外两个月"Januarius"（双面神雅努斯）和"Februarius"（源自拉丁语"februa"，净化节）被加了进来，使一年变为了 355 天。本来应该是 354 天，但当时的人们认为偶数不吉利，所以改为了奇数 355。

这个版本对于 304 天来说已是很大的进步，但还达不到符合现实的要求。为了解决每年大约还缺 10 天的问题，罗马人学习了希腊前辈的办法，不时地增加日或月以实现平衡。结果，日历被改来改去，修改的时间取决于掌管日历的牧师的工作效率，还取决于政治决策决定何时适合增加额外的天数或月份。

这样一种随意的机制与尤利乌斯·凯撒（Julius Caesar）标志性的军事精确要求格格不入。据历史学家普鲁塔克（Plutarch）所言，凯撒召来了当时最好的哲学家和数学家以改造日历。他的工作会议定下来的解决方案可以追溯到埃及统治者托勒密三世（Ptolemy Ⅲ），但在罗马人的世界里，这种方案一直被忽视。方案将一年定为 355 又 1/4 天。具体使用时，前三年定为 365 天，第四年定为 366 天的闰年。

不过，改变一年的长度还不足以纠正全部的问题。人们曾让日历长期脱离现实，以至于公元前 46 年，人们为了把春分日（spring equinox）恢复到传统的 3 月 25 日，不得不让那年过了 445 天。春分日是太阳回归地球赤道平面的日子，意为"白天与夜晚长度相等"，不过在实际上白天更长一些。

凯撒还改变了每月的长度，部分月 30 天部分月 31 天。每年的最后一个月（二月）除外，二月在正常年份中为 29 天，在闰年中为 30 天。

让最后一个月可变具有合理性，但不幸的是，凯撒改变了二月作为一年最后一个月的次序——他将 1 月 1 日作为新年的开端，而不是 3 月 1 日。这使每年的开端更靠近冬至日（最短的一天），并让二月变为了奇怪的月份。

后来还有一些小改动，比如将二月的一天挪回到了一月，又将"Quintilis"（五月）重命名为"Julius"（尤利乌斯）以纪念凯撒，"Sextilis"（六月）重命名为"Augustus"（奥古斯都）以纪念凯撒的继任者奥古斯都。这样，我们所了解的基础日历就完成了。很遗憾，凯撒并未对其他月份的名字作修改，导致九月到十二月被标记为七月到十月。但是凯撒的日历与真实值相比仍存在差距——365.25 天仍与真实值出现了大约 11 分钟的偏差（按照前一个春分日到后一个春分日计算）。

这很重要吗？日历真与实际情况出现几天的偏差会如何？最终，季节将与日历的对应时段发生偏差，其偏差度的积累可能需要数千年的时间才能导致季节的混乱。但这种偏移一定会误导农民，他们需要依靠日历播种；也会影响到中世纪的教会，日历的准确对宗教节日时间的选择至关重要，例如，复活节是春分日满月后的第一个星期天。

正如 13 世纪的早期科学家罗杰·培根（Roger Bacon）指出的，宗教日历与现实脱节越来越严重。如果每过 125 年就会出现一次整日的完全偏移，将星期天作为圣日还有意义吗？庆祝一年中最重要的圣日，即基督复活的复活节还有什么意义？

到 13 世纪，培根估计日历已偏离了实际情况 10 天，足以搞混所有的宗教节日。他在自己伟大的科学百科全书《大著作》（Opus Majus）（实际上是一份 60 万字的写作方案）中声称日历改革的时候到了。培根推算，至 1361 年，日历将会再次偏离真实世界一天，必须做出改变了。他建议，每 125 年从日历中削减一天。

没人理睬他的提议。直到 1582 年教皇格里高利十三世（Gregory XIII）的委员会才起草了一份改良日历，实施定期纠正的机制，以解决日历偏离天文学现实的问题。尽管新日历证明了培根是正确的，新日历几乎与培根在 300 多年前的建议一模一样，但他并未得到任何承认。而且，新的日历方案在当时只被基督教国家接受。在欧洲的新教徒国家，任何来源于基督教的东西都不被采信。英国及其殖民地（包括美国在内）的日历继续错位到了 1752 年。

通常有这么一种说法，当日历被转换到现代的公历时，社会发生了骚乱，人们要求"回到过去"。实际上，这种说法并没有多少证据，不过它确实对人们的年度活动产生了不小的影响。试想一下自己的生日，你应该在自己出生的那个日期庆祝？还是在 11 天后出生日的周年庆祝？在东正教国家，新日历直到 20 世纪才被采用，最后一个采用它的国家是 1924 年的希腊。

我们在地球上标记每天时间的方法确实给出了一个时间旅行的琐碎法子（尽管偏向于娱乐）。虽然一天的长度基于地球完成一次自转所需时间这样一个物理现实，但我们在地球表面划分时间的方法是可以选择的。我们之前谈论过，小时就是我们得自古埃及的随意的划分方法。

最简单的办法是让全球使用同样的时间，无论何地——比如，现在是下午 5 点，可以换种表达方式，17 点。因为"下午"这个说法存在一些小问题。我们将一天分为"上午"和"下午"，它们分别是"ante meridiem"和"post meridiem"（拉丁语的"中间之前"和"中间之后"）的简称，指"午前"和"午后"。如果，整个地球都使用固定的时间，17 点在某些地方是早上，某些地方是下午，某些地方也许是午夜。时间也许在所有地方都一样，但它不能确切显示现在是一天的什么时候。

实际上，这种情况并未发生，因为我们引入了时区的概念。在时区建立之前，地球上的各个地方分别使用当地的基于太阳的时间。没人去协调时间，所以各个城市的时间均有偏差，比如，纽约的中午 12 点就不同于波士顿的中午 12 点。后来，铁路的发明使铁路沿线的不同站点间的时间交流变得重要，时区的概念开始引入。我们现在知道的时区的概念在 19 世纪末被大量引进。例如，今天的美国时区是在 1883 年正式建立的。

主要时区将世界划分为可共享每天同一时间的不同区域。如果将这样的划分像橘瓣那样设置，每个时区应占据 15 度经度。但实际情况是，时区的划分是弯曲的，从南极划向北极的时区线会不时地改变方向。例如，美国有 4 个大陆时区（包括阿拉斯加在内），从比格林尼治标准时间（GMT）到落后 5 个小时的东部标准时间，再到比 GMT 落后 8 个小时的太平洋标准时间。（世界上还有几个地方使用的是 30 分钟或者 45 分钟的时间间隔版本，这让事情更加混乱。）

有些时区间的分界线在海上——其中一条特殊的分界线，即区分今天和昨天的日界线（date line，国际日期变更线），被有意设置为锯齿状，目的是避开大陆。在拥有 4 个时区的美国大陆，仍然避免不了一些地方，你前进一步则会向未来前进 1 个小时或者回退 1 个小时。例如，穿过阿拉巴马州和乔治亚州的边界，你可以在东部标准时间和中部标准时间之间切换。不过这在中国不会发生，因为中国虽拥有多达 5 个时区，但他们采用了单一的通用时间。

时区的另一个副作用是，你可能会在自己出发时间之前抵达旅行的终点——协和式超音速飞机经常在 3 个小时内穿越大西洋，旅客们会在离开伦敦的 2 个小时前抵达纽约。时区可以帮助我们紧跟新的一天——如果以合适的速度飞行，你可以整天都在元旦前夕与元旦当日之间切换。又或者站在南北极，你能体验不同的 24 个小时。（出于实际原因，两极都使用 GMT 作为官方时间。）

从严肃的时间旅行的角度来看，我们的讨论似乎有点不务正业。我们利用的是人工的时区划分法，它只是简化了的规定，方便于人们的日常计时。因为地球的所有部分都以同样的速度运动，所以改变人们在地球上的位置并不会改变时间。不过，摆弄时区的确很有趣。

历史告诉了我们一些关于时间是什么的模糊想法，也赋予了我们一些划分时间的工具。那么，现代科学能更好地描述时间的本质吗？

4 时间之矢

时光如箭，但是果蝇喜欢苹果。（Time flies like an arrow. But fruit flies like an apple.）

——佚名

即便有一位现代科学家愿意解释时间的本质，结果仍会让我们感到沮丧。对时间的理解，一个显而易见的启蒙来源是著名科学家史蒂芬·霍金（Stephen Hawking）的著作《时间简史》。在当代物理学家中，人们认为霍金是能继承牛顿、爱因斯坦和费曼衣钵的人。霍金的形象也有较高的辨识度，尽管他罹患了肌萎缩性脊髓侧索硬化症，但仍然顽强地活到了 70 岁。

不久前，我在英国剑桥古雅的街道上看到了霍金，他坐着的电动轮椅轧过街上的鹅卵石，发出格格的声音。不用怀疑他的身份，他的形象实在太令人难忘。人们本以为他会死于 20 岁，甚至无法完成博士学位，而事实却令人惊叹。

霍金已有多年无法说话了，他使用了一台电脑语音合成器与人交流，这种合成音成了他的招牌。作为科幻迷，他曾在科幻电视剧《星际迷航：下一代》的一集中现身，与其他"历史性"科学家一起在全息甲板上参加了一场牌局（他还在电视剧《辛普森一家》中露过面）。他的著作《时间简史》是新一代科普书中的头牌作品。《时间简史》超越了人们的好奇心以及对宇宙的描述，用可理解的术语解释了深奥的现代物理学。不过，据说绝大部分买书的人（全世界销售量超过900万册）并未读过该书。

那么，我们在霍金的著作里能找到对时间的现代诠释吗？如果能找到，想必能让我们超越中世纪的哲学思辨。书名为我们作了明确的提示，他还在第一章暗示他能做到这点。他列出了一系列的深刻的科学问题，他告诉我们，"物理学的最新突破，部分是由于出色的创新技术使这些问题有了答案"，其中包括"时间是什么？"。事实上，你从头到尾地翻阅《时间简史》寻找"时间是什么？"、"时间是如何运行的？"时会发现，书中大量提及了人类观察时间的方式、与物质的相互作用可改变观察结果，却并未从本质上提及更深层次的时间问题。看上去，作者回避了对时间的解释，这让书名显得有点讽刺。

现代物理学正走向实用主义。例如，量子理论就依靠着这一思想："没必要担心量子化粒子是什么，我们只要有描述它们的作用方式即可。"虽然一些人不断尝试解读量子理论，但大多数物理学家已不再关心光是波还是粒子——光就是光，它以一种可预测的特定方式运转。这似乎是个好消息，按此类推，我们甚至可以跳过对时间是什么的讨论，直接讨论如何操控时间。

对比"整块宇宙论"（block universe）与"发展形成论"（unfolding becoming）之间的区别能帮助我们理解时间。这种区别不是实际的物理区别，更像是一种解读上的区别，类似于人们对量子理论的不同解读方式。

"整块宇宙论"是爱因斯坦对世界本原的刻画，它将时空理论推向了极致。

人们很容易将宇宙想象为一种空间实体，我们也许无法了解这一实体的大小，因为我们对宇宙的尺寸并不清楚。如若大爆炸理论所言，宇宙的年龄为137亿年，那么，我们可以反向推断——我们在任何方向可以看到的距离绝不会超过 137 亿光年。我们需要同时注意的是，由于宇宙在不断膨胀，当光花了 137 亿年抵达我们这里时，光的来源天体或许已距离我们 400 亿光年远。事实上，宇宙本身的延伸或许更远。

我们可以设想一种能代表宇宙整体空间结构的庞然大物。"整块宇宙论"扩展了这个"庞然大物"的模型，将所有时间纳入了进来——设想存在一种四维的块体，囊括了所有的空间和时间且浑然一体。在这个整块宇宙中，"现在"除了指向一种局部、主观的观察现象之外别无他意，我们认为的"过去"、"现在"和"未来"不会有差别。巧合的是，这种观点并不会导致绝对的机械论和决定论。这种整块宇宙也能包含量子理论所要求的概率事件，不过这些事件发生在整块现实之内。很多方法都可以实现这一点，例如，可以产生一个"多元世界"的宇宙。在多元宇宙里，宇宙根据可能的量子概率，分裂为两个块体。

另外一种观点是"发展形成论"，这种解读方式描述了一个在时间中穿梭通往未知未来的宇宙。这种解读方式与"整块宇宙论"不同的是，它存在一种能适用于整个宇宙的"现在"概念，"现在"可以通过与来自大爆炸的宇宙背景辐射对比作检测。这种设想不是想象一个整体区块，而是将宇宙描述为某种随时间持续增长而转变的结构。

如果"整块宇宙论"是正确的，那么，即使我们成功回到过去也无法改变未来，至少在某个特定版本的量子宇宙中不能。因为未来与过去已存在于块体中，我们采取的任何行动都已事先存在。不过，"发展形成论"宇宙也存在自己的问题：时间流逝的速率。

在"整块宇宙论"中，讨论时间的流逝速率毫无意义；但在"发展形成论"的宇宙中，"现在"以某种速率从"过去"滑向"未来"。这种速率是多少？普遍的答案是每秒钟一秒（我在第 1 章中提到过）。但是，坦白说，这并无意义——如果"现在"在运动，那么它是相对时间而运动，但它自己也是时间。

这种度量单位的混乱导致一些哲学家支持"整块宇宙论"是更符合现实的模型。那些支持"发展形成论"的人往往会说"现在"的运动并不是常规意义上的运动。这与我们将光当作波或者粒子的情况相似，实际上两者皆不是——光就是光。"现在"往未来前进，但并不是以常规意义上的速率运动。

归根结底，两种模型都是对时间的解释。只是简单的模型，并不能帮助我们实现时间旅行，只能帮助一些人思考时间的本质。

现代物理学有助于我们理解时间是因为它提供了一种印象：时间这个维度与空间的三维不同，时间隐含着方向。我们之前提到过，古人将时间与运动联系起来，奥古斯丁认为时间具有内在的方向性。我们经常听到这种表达方式——"时间之矢"，它反映了时间流动的单向性。

我们并不能将这样的时间流动视为理所当然。大多数基础物理学定律都无法分辨时间中的正向和逆向运动。物理学对世界的观察颇似录制两个在台球桌上撞击并互相弹来弹去的球。你可以正放或倒放球撞击的过程，看上去皆是一样的真实。

对比一下我们对世界更宽泛的体验。我们对世界的观察更像是录制沙子从沙漏中落下的影片。如果倒放这段影片，你一眼就能看出不自然的地方。正是这一特征使时间异于空间三维，空间三维并无优势方向，而时间却有。更重要的是，为了在时间里逆向旅行，我们必须打断这种优势方向。

那么，时间之矢从何而来？尽管并非完美的解释，但许多物理学家会说，热力学对时间的方向性非常重要。热力学是创立于 19 世纪的科学，研究热的运动。热力学的发展是为了让人们能更好地理解推动了工业革命发展的发动机，但热力学的意义远超对蒸汽机运作方式的简单解释。

为了理解时间之矢的概念，了解一下热力学的基础知识很有必要。如此，我们会很容易关注到热力学第二定律的核心特征，即一种被称为"熵"的性质。在科学家心中的热力学第二定律有多重要？可以看看 20 世纪伟大的天体物理学家亚瑟·艾灵顿（Arthur Eddington）的说法：

　　如果有人向你指出，你钟爱的宇宙理论与麦克斯韦方程（描述电磁作用的方程）不一致——那么，麦克斯韦方程或许不妙了。如果你钟爱的宇宙理论与观察结果相冲突——好吧，这些实验学家有时的确会将事情弄糟。如果你钟爱的宇宙理论被发现违背了热力学第二定律，我敢断言你没希望了——它除了成为奇耻大辱之外别无他选。

　　热力学被提出时，正值研究热量流动对推动工业革命极为重要的时期。新型蒸汽发动机的动力来自于热量的转移，而热动力学定律揭示了热量的转移方式。

　　热力学最基础的定律是第零定律（zeroth law）（如此编号是因为人们在第一定律建立并命名后才认识到这个定律是必需的）。该定律规定，如果两个可以互相传递热量的物体进入了平衡状态，热量将停止流动。按此推理，如果你有两个处于室温且彼此接触的物体，你不会发现它们中的一个变得越来越热，另一个变得越来越冷——因为它们无法影响对方的温度。

　　这并不意味着没有任何能量发生转移。温度是某种物体（任何物体）内所有原子或分子运动的量度。原子或分子运动得越快，温度就越高。原子或分子都在不停地运动，任何绝对零度以上的原子都存在某种程度的运动。它们会不停地撞击临近物体，释放并接受能量。结合热力学第零定律，此时能量的净流动为零，能量的吸收与释放彼此抵消。

　　热力学第一定律很直接，它实际上是重述了能量守恒理论。第一定律规定，一个系统中的能量改变与它对外界做的功或外界对它做的功相匹配，也与它释放或吸收的热量相匹配。功和热只是能量的不同形式，所以热力学第一定律认为，能量除了流进和流出的数量外，其他皆不变，能量无法被神奇地制造或摧毁。

　　接下来是我们关心的重点——热力学第二定律。对热力学第二定律的一种表述是，"热会从系统热的部分转移到冷的部分"，这种表述反映了这一定律源自人们对蒸汽机的研究；这一定律还可以表述为，"在孤立系统内，熵会保持不变或者增加"，这种表述的基础在于理解熵是什么。

为了完整性，再介绍一下热力学第三定律。热力学第三定律规定，你不可能通过若干有限的步骤使一个物体冷却至绝对零度（宇宙最低温度）。你永远无法使物体冷却至 0 K（开尔文）。在某种程度上看，该定律源自量子理论，"根据不确定性定理，我们无法精确知道一个粒子的位置和动量。如果我们能成功地让一个粒子冷却到绝对零度，它就会停止运动"。这实际上解释了为什么绝对零度不可达到。绝对零度如可达到，我们就能同时知道粒子的位置和动量（同为 0），这种情况是不被允许的。

让我们回到第二定律，因为这才是试图理解时间之矢的我们感兴趣的地方。第二定律规定，在一个孤立系统内，熵会保持不变或者增加。熵是系统内混乱程度的数学量度。尽管"测量混乱程度"听起来像个模糊的概念，如同描述"事情有多乱"的程度，但事实上它有具体的数学定义，它取决于系统可处于的状态数量。

在真实世界里，我们认为熵会保持不变或增加。你可以将熵看作是你对事物的处理方式的数目。比如，你手上有一满杯咖啡，之后你将它扔至地上，咖啡杯碎了一地。将前后两种状态作比较——对于一满杯咖啡来说，只有一种处理方式；对于杯子碎片和洒落的咖啡来说，却存在许多不同的方式。

我们通常会自然地认为，将一满杯咖啡变成碎片和洒落的液体（你只用松开手就行）远比让杯子碎片和洒落的咖啡液体恢复至原状容易。从有序变混乱以实现熵增要比反过来更容易。创造秩序需要做功（有时需要很多功），而功在物理学上恰是指从一处转移到另一处的能量。

19 世纪，很多物理学家，比如著名的开尔文爵士（Lord Kelvin）、詹姆斯·克拉克·麦克斯韦（James Clerk Maxwell），以及路德维希·玻尔兹曼（Ludwig Boltzmann），都以一种特别的方式对熵进行过解读。他们从统计学的角度观察一大堆粒子，使用了后来被称为统计力学的方法思考问题。这种方法在理解像气体这样的东西的行为时非常关键，因为想要追踪一个装满气体的容器内数以十亿计的气体分子中单个分子的轨迹无法做到。相反，我们必须从整体上理解气体的行为，为此我们使用了统计学。

假设有一个非常简单的孤立系统：用一扇小门连接彼此的两个箱子。左手边的箱子内充满了气体，数十亿的气体分子均以较高的速度冲来冲去。所有的气体分子都分布在一个箱子内，相较于分散在两个箱子内更有序。所有的分子都在一个地方的状态，相较于分散在多处地方来说，具有更少的熵。

现在，我们打开连接彼此箱子的小门。不久后，气体达到了平衡。我们希望逐渐达到这样的状态：每个箱子内包含的气体分子数量大致相等。统计学方法将能帮助我们理解为什么时间之矢会如此运动，最终使熵增加，只有一种办法能处理左边箱子内的所有分子。但对于两边箱子内含有相等数量气体的情况来说，却存在数十亿种处理方法。如果每种处理方法具有相同的概率，那么，两个箱子拥有大致相等的分子数目的概率要远高于所有分子都在一个箱子时的概率。

这就像单个数字彩票中奖（例如你彩票上的数字）的概率与你彩票上的数字之外的数字中奖的概率的差别。在统计学上，其他数字中奖的概率非常高。

如果熵的统计学本质是正确的，那么混乱逐渐增加是不可避免的。所有分子随机集中在一个箱子里的可能性极大，就像你在彩票里中奖的可能性。

这种统计学方法的潜在问题是，大多数物理定律无法分辨时间内的向前和向后运动，所以你能争辩从某一点回到过去与前往未来皆会出现熵增。不过，人类目前的观察发现，宇宙尚未处于某种高度不可能的状态，用这一点可以对上述观点进行反驳。宇宙只有在大致平衡的状态下，熵增才有可能出现逆转。但目前，考虑宇宙中现存的各种结构，比如星系、恒星和行星（还有人类），要达到这样的平衡还需要很长时间。

在热力学第二定律的定义中，"孤立系统"的思想非常重要。如果你忽略了它，就会惹上各种与熵有关的麻烦。例如，地球的熵随着时间在减少。最初地球只是一堆随机的分子，一片混沌，现在却有了一些非常有序的结构，比如生命：动物和植物。人体相较于组成人体的一堆分子，熵变少了。

有人认为，这种熵减现象恰好证明了造物主的存在，如果没有外力干预，混乱绝不会以这种方式减少。他们提出，秩序的存在是因为造物主有意如此。事实上，热力学第二定律并不仅应用于地球，而且适用于更大范围。第二定律规定熵在孤立系统内不会减少，因为孤立系统中，能量无法从外界进入，也无法泄露出去（归根结底，热力学定律研究的是能量的运动）。很明显，地球并非一个孤立系统。地球充满生机的唯一原因是，太阳源源不断地为我们提供巨大的能量。

太阳的功率为4 000万兆兆瓦（功率指每秒转移的能量值），其中大约890亿兆瓦以阳光的形式被地球利用。换算一下，这比人类目前消耗所有形式的能源产生的总功率高出5 000倍。

这些流入地球的能量抵消了生物出现导致的局部熵减。系统的一部分出现熵减，而另一部分为了抵消熵减出现熵增是完全可能的。由于能量和物质的流出，太阳的熵一直在增加。

熵的概念在第一次被提出时并不被人们轻易接受。1877年提出热力学第二定律的奥地利科学家路德维希·玻尔兹曼就被当时的科学界普遍忽视。玻尔兹曼为了获得科学界的认可苦苦挣扎了多年，因为自己的理论不被接受而倍感沮丧，最终选择了自杀。在他死后不久，他的理论开始被人们认真对待，正如我们看到的，热力学第二定律成为了最受尊敬的物理学公理。人们在检验任何与能源相关的新理论时，都会拿出第二定律作为中心原则对其进行考验。不幸的是，玻尔兹曼未能活着看到自己的胜利。

热力学第二定律让我们清楚理解了孤立系统。熵是一条单向道，熵可以保持不变或者增加。这提示我们，熵可能是时间之矢的来源。宇宙是一个天然的孤立系统，我们可以认为整个宇宙的熵在逐渐增加。如此，我们认为，宇宙终将逐渐衰退为混沌状态。

这意味着在本质上，宇宙在时间上并不对称。天体物理学家假设宇宙在空间上是对称的。为使广义相对论成立，我们可以假设宇宙处处一样。显然，真实情况并不如此，如果你将目光投向夜空，它看上去绝非处处一样。在某些位置，星星比其他地方更多，特别是银河的稠密地带。但广义相对论假设，平均而言，空间中的各位置并无区别，没有特殊方向。不过，由于热力学第二定律的限制，我们对时间不能做这样的假设。

这样来看，时间之矢似乎建立在宇宙的某一内在物理性质上。而且，它对我们体验世界的方式具有强大的影响。信息与熵的联系很紧密。试想，一堆随机比特（byte，计算机语言中的"1"或"0"）与我的电脑上存储本页文字信息的比特之间的区别。组成本页文字的比特是以一种特定的方式组合的，只有唯一一种组合方式才能产生你正阅读的这些词语。如将某个比特改变，字母"g"也许会变为字母"b"，单词"gun"则变为了"bun"。对这些变化的比特来说，存在数十亿种其他的组合方式。显然，代表本页文字的信息比随机的比特组合具有更低的熵，更有序。

存储在我们大脑里的记忆依靠能量的输入才能整理出构成记忆的信息。记忆是一种局部熵减现象，代价是需要为其提供更多的能量。结果，我们对事物的记忆对应了宇宙的熵增，它又被固定在了时间之矢上。奥古斯丁忧心的是为什么我们想不起未来，只能回忆现在。热力学第二定律则表明，这样的时间之矢是唯一的合理方式。

我们在理解时间上存在诸多困难，是因为我们对时间的感官反应多变。我们可以将对距离的看法与对时间长度的感觉作对比。我承认，我们有时会被视幻觉愚弄，观察角度的不同会使事物失真，但我们对空间维度的知觉并不会随情感而改变。我们不会说，"我很无聊，所以这间房看起来比平时大两倍"。但我们对时间流逝的知觉却明显不同。

　　爱因斯坦曾宣称，他做过一个研究时间本质的实验。他在论文摘要里写道："当一个男人和一个漂亮女孩坐在一起时，一小时像一分钟那般快；而当他坐在热炉前时，一分钟比一小时还漫长。这，就是相对论。"他声称，这篇论文发表在一本叫做《放热科学与技术》(*Journal of Exothermic Science and Technology*) 的杂志上，全文描述了他的实验。

　　为了启动这个实验，他需要一位漂亮女孩的帮助。本次实验中女孩是电影明星宝莲·高黛 (Paulette Goddard)，她由两者共同的朋友查理·卓别林 (Charlie Chaplin) 介绍给爱因斯坦。这篇论文显然是开玩笑，从杂志名的首字母就能看出 (JEST，开玩笑)，它是爱因斯坦的编造 (即使是爱因斯坦做实验的提法，也说明这是一个玩笑，因为他并非实验学家)。不过，玩笑归玩笑，爱因斯坦还是提出了一个严肃的观点——时间的流速似乎取决于我们在干什么。

　　对时间流逝的测量通常被分为主观时间和客观时间。主观时间是，我们意识里体验的时间流逝——爱因斯坦感觉与女孩在一起时，一小时像一分钟；而坐在热炉前时，一分钟像一小时。客观时间是，时钟的稳定滴答作响，它不会受我们的感觉和体验的影响。不过，爱因斯坦后来证明，客观时间也能被运动和引力改变。

　　科学倾向于直奔客观时间，科学实验使用客观时间。俗话说，"心急锅不开"，就反映了一种主观体验而非真实情况。事实上，不论你是否看向锅里，锅里的水被烧开的时间总是定值。看上去也许永远不会烧开，这完全是人们的主观感觉。

　　主观方法无法帮助我们建造时间机器，但却有助于探索时间某些方面的性质。很多哲学家提出过一种叫现象学的哲学研究方法，其中最著名的哲学家是马丁·海德格尔 (Martin Heidegger)。他提出，时间的流动 (显而易见的连续事件流) 本身就是一种主观现象。

　　与 20 世纪初这种观点刚被提出时相比，现在的人们或许更易接受并支持。在更多地理解了人类大脑的限制和复杂性之后，我们开始意识到自己的大脑有多么地擅长掩饰自己的不连续性。例如，我们的眼睛感知到的是连续、稳定的视野；然而，眼睛内的视神经穿过的地方有一个盲点，我们的大脑会猜测这一处缺失的图像。而且，我们的眼睛在大量时间进行着一种被称为扫视（saccade）的小型高速运动，这种运动需要大脑的持续补偿。我们"看到"的图像是被大脑构建而成，并非对现实的平滑的动态的反映。

就像前面的例子，时间完全有可能是由一系列的不连续时刻组成。也许，它真的具有颗粒性，但我们受限于自身感知事物的方式，无法分辨出来。或许，我们只是没有体验到时间流动，而体验了永恒的"现在"。或许，我们本身并未从过去通往未来，只是身处于一个正在穿越时间的"现在"。

我们理解时间本质的麻烦在于我们很容易将主观上从时间得来的印象与对现实的测量相混淆。例如，很多文化传统认为，时间是周期性的，而非科学认为的线性。考虑到我们周围随处可见的周期，这是一个足够合理的假设。比如：季节交替周期、动植物生命周期、白天与黑夜周期、月亮阴晴圆缺周期。

很容易将这种周期性观点扩展为一种时间本质模型。这种周期性模型又产生了轮回，甚至是转世的思想。然而，让我们看看这个物质世界，这个我们想要操控以实现时间旅行的世界，并没有证据证明存在这种周期性。这种周期性模型（周期性时间观）不过是另一种主观效应，在理解人类以及人类如何思考和感知周围世界方面很有价值，但对于帮助我们操控时间并不特别有用。

线性时间观（整合了相对论的扭曲作用，意味着"直线"可以被物质的存在所弯曲）才是切实可行的时间旅行的起点。我们如想更好地了解时间的关键方面，必须将这种线性时间观铭记于心。这种探索通常需要问出亚里士多德在 2 000 多年前就考虑并提出过的一个问题——时间有开端吗？

在今天最好的宇宙模型大爆炸理论（Big Bang Theory）中，时间有开端。据该理论，时间和空间皆起源于大约 137 亿年前，至少是在我们这个部分的宇宙（也许在总宇宙的其他部分还有其他大爆炸的发生）。在这个模型里，时间具有明确的开端，这个开端"之前"的时间没有意义。客观地说，大爆炸理论并非唯一可用的关于宇宙起源的科学理论。一些其他理论并不要求时间有开端，而偏向于认为时间永恒持续，并无开端。

虽然时间的开端隐藏于神秘中，但人们对时间的终止并无争议。即使在拥有明确时间开端的宇宙中（如大爆炸理论的宇宙），也没有时间终止的物理过程。我们对大爆炸宇宙的预期是，它会持续衰退。热力学第二定律只给了我们一个方向——走向逐渐增加的混乱。

终极而言，这样的未来将会是万物越来越冷寂，直至时间停止，因为已无足够的活动可使可测量的时间继续前进。更准确地说，时间将走向终点，但作为一个无限过程，它永不会真正抵达终点。用数学的语言说，时间将无限趋近于终止，但永不会真正终止。

亚里士多德曾拿时间的性质作无穷的举例。他说，时间是无穷的，因为时间无始无终。他同时认为，时间是无限可分的。试想一段任意长度的时间，都能将其截成两半。亚里士多德认为，没有什么能阻止将时间分为越来越小的片段。根据他的思考，任意单位的时间均能产生一个可再细分的无限集。

现在，这个观点遇到了一些质疑。一些物理学家利用了现象学家的颗粒化思想，提出时间和空间实际上是由小块构成，而非一种平滑的连续体。这种小块的物理极限通常被认为是普朗克长度，这是一段由基本常数计算出来的微小长度。基本常数是宇宙中某些固定值的基本测量值，比如光速和与物体质量及引力大小相关的引力常数。

虽然并无确定的证据，但有人曾提出，现实世界的量子本质可能会导致空间被分为普朗克长度的单元。普朗克长度约为 1.6×10^{-35} 米，这是一段小到不可思议的距离。10^{-35} 意味着小数点后有 35 个零。1 米有 16 亿兆个普朗克长度。

如果普朗克长度真为最小有限距离，那么，合理的宇宙最小时间长度应该是速度最快的光穿越单个普朗克长度的时间。这样，普朗克时间大约为 5.4×10^{-44} 秒。我们可以将其看作时间的数位走时，低于此时间将不能被继续分割，因为更小的分割长度失去了物理学意义。

归根到底，不论时间是否为数位性质、是否可分，都不会影响我们操控时间的能力，但认为时间可能由零部件构成的想法非常有趣。如果普朗克时间真为时间的"天然"单位，那对于时间的计量就不应该基于太阳系的周期性事物，或者人类自己提出的计量方法。但从实用性考虑，这样小的单位完全无用。

我们也许没能如史蒂芬·霍金承诺的那样，做到以科学的方式弄清楚时间，但我们至少清楚地了解了人们对待时间的方式。有了这个基础，我们就拥有了出发点去检视时间旅行的可能性。事实上，有一些观点将整个时间旅行的可能性置于怀疑中。

核物理学家恩里克·费米（Enrico Fermi）在 20 世纪 50 年代曾用类似的观点思考过外星生命。当时，他在洛斯阿拉莫斯（Los Alamos）的食堂与一帮物理学家吃饭。他们正谈论着最近铺天盖地出现在新闻里的 UFO。费米沉默了一会，突然说道，"他们都去哪里了？"

费米思考的是，如果宇宙充满了外星人，他们为何不以更具体的方式而以模糊和令人不满的飞碟报道的形式出现？与之相似，我们在考虑时间旅行时，应先自问一下："时间旅行者都去哪里了？"我们也许还未拥有自由穿越时间的技术，但如果时间机器真的会在未来某个时间被建造出来，为什么其他时间探索者从未回来拜访过我们？

5　时间旅行者集会

此后单独的空间以及单独的时间注定会渐渐消失成为影子，只有两者的某种结合才能保留独立性。

——赫尔曼·闵可夫斯基（Hermann Minkowski）（1864—1909），引自彼得·路易斯·加里森（Peter Louis Galison）《闵可夫斯基的时空：从视觉性思考到绝对世界》（1979）

2005 年 5 月 7 日，星期六，临近东部标准时间的下午 10 点。马萨诸塞州剑桥市麻省理工学院（MIT）莫斯厅（Morss Hall）奢华的古典圆柱和巨大的画壁回响着嘈杂的脚步声，大约 400 名听众正从大厅走出前往东校区宿舍的庭院，准备迎接一个非常特殊的事件。几分钟后，时间旅行者预期将会抵达那里。

刚刚过去的 1 小时里，表演者和包括宇宙学家阿兰·古思（Alan Guth）在内的演讲者用"音乐"以及"宇宙本质和时间旅行"的话题娱乐了大家，但今晚的高潮还未到来。高潮是，来自未来任何时刻的时间旅行者被邀请现身并参加这个聚会。

有人在庭院里释放出了一阵舞台烟雾，以增加时间旅行者可能现身的着陆平台的戏剧性，这个着陆平台布置在一个排球场里。所有人都屏息以待。有人兴奋地大叫，"新年快乐！"

遗憾的是，无人到来——至少没有合乎标准的时间旅行者到来（尽管有人争辩可能有一两个在场者合乎标准）。

人们或许会认为这个简单的主意很平凡，但实际上却很睿智。如果时间旅行是可能的，为什么不在历史上标记一个特定的地点和时间，邀请时间旅行者出席？如果这件事的信息能传播至未来，什么人（时间旅行者）会拒绝这样的邀请？我想，互联网、纸媒和电视报道的组合应该能确保信息的传播，除非我们的文明被摧毁。

当然，活动的组织者多半是在开玩笑，这种恶作剧自古以来就是全世界的学生的惯例。但如果时间旅行真的可在未来实现，哪个时间机器的拥有者能抵挡它引起的轰动诱惑？一定会有人使用它。似乎人类直到2005年才意识到，是时候引发时间旅行社区了。就在MIT这次活动的一个多月前，澳大利亚西部城市珀斯（Perth）也试着通过设定永久的时空坐标招呼路过的时间机器。

珀斯市并未只依靠虚幻的数字和印刷媒介，他们刻了一块匾，上面写着：

> 如果生命从未来传送到过去成为可能，这个地点将被正式定为迎接未来居民回归现在的地标。

这块纪念匾将2005年3月31日（当地时间中午12点）设为"目的日"，并要求未来时间旅行者现身到这块匾旁，地点位于珀斯市弗雷斯特广场（Forrest Place）。他们还贴心地给出了经纬度坐标，以免这块匾以后被搬进博物馆，而不是留在原来的地点。在匾的底部，珀斯城纹章与和平鸟图案之间用大写字母写着，"我们欢迎并等待你"。

我没能找到官方对珀斯市所发生事情的描述，但我想，一定有一支某种形式的欢迎队伍，急切地期盼来自未来的到访者的出现。当然，今天，2005年3月31日已成为过去，我们已没有之前那么期待了。不管怎样，事实上，并没人将自己的时间旅行目标定为"目的日"。

为什么发生在2005年的这些活动会失败［最早，在1982年的巴尔的摩（Baltimore）也出现过类似活动］？为什么未来人并未潮水般地访问我们？撇开上面的那些正式的邀请，我们可以畅想下，在历史上的重大事件发生时，堆满了未来旁观者的场景。在远古时期，我们也许缺乏足够的记录，但发生在最近的一些事件却留下了很多视频证据。例如，约翰·F.肯尼迪总统的被刺事件。这样的时刻会永远停留在生者的记忆中，当然，它们也会是那些未来访客希望亲眼目睹的时刻。

史蒂芬·霍金一直声称，目前尚未出现来自未来的访客，说明时间旅行不可能。幸好他最终改变了主意，因为他此前在这个问题上的看法并不正确，他的观点并不符合逻辑。为什么时间旅行可能存在但我们却永远无法（有意识地）看到时间旅行者，这里为大家分析下原因。

可能过去某些特别的事情使时间旅行不可行，即使在物理学上它是可能的。我们通常认为，过去是必然结果，无法改变。我们知道过去发生了什么——过去的事情已发生并被广泛记录。或许，这使我们认为，我们不能通过时间旅行回到过去。不过，未来则不同，未来是不确定的。所以在这个角度上，它不能阻挡时间机器的运行。

有人会说这是诡辩，不符合我们在第13章会介绍的"时间COP"（因果序假设）观点。声称事情无法改变是因为它们之前没有改变，这无限接近于循环论证。如果过去被改变，它就不会是我们记得的那个过去，这不是一个科学的观点。

还有一种说法是，任何一个有能力制造时间机器的文明完全有可能也有能力在我们眼前隐藏起来。除了我们在第7章和第8章将要讨论的技术外，我们目前还未掌握任何一种时间旅行的技术，但我们确实已拥有了能让事物不可见的非常基础的隐形斗篷技术。

最有前途的隐形斗篷技术需要引入超材料（metamaterial）。超材料拥有特殊物理性质的复杂结构，这些结构通常由一层层的金属格栅或小孔构成，特殊的成分赋予了它们特殊的性质。所有的自然材料都有正折射率。当光射到一块玻璃或者水中时，光线的方向会偏向于一条与材料边缘成直角的线（法线）。这种偏转角看上去并不起眼，但它却是超材料能奇妙操纵光的基础。

超材料的重要应用之一是制造一种透镜，它能远超所有正常透镜的绝对极限。常规光学显微镜的焦距有一个下限范围，再强大的透镜也无法越过这个下限。如果你试图观察一种小于观察光波长的物体，你会不可避免地失败。但使用超材料制造的超级透镜能粉碎这一下限，它能将光学焦距缩小到曾经只能用电子显微镜才能观察到的细节。这样的超材料透镜不仅成本只有电子显微镜的一小半，还能获得一种不同类型的观察方法，如同在天文学上射电望远镜与可见光望远镜一起使用能获得更完整的图像。

我们需要的是隐形技术，像哈利·波特或者《星际迷航》里克林贡战斗机所使用的技术，而非传统的物理学应用。由于具有负折射率，超材料可让光线弯曲绕过物体，从而使物体消失。这在微波尺度上已成功做到了，但在可见光条件下更困难，因为超材料会吸收太多的可见光。我们还能用其他的一些机制进行弥补——要么在光学上放大超材料的有限效果，要么使用不同的技术控制光的折射方式。所以，我们在不久的将来必然能拥有这样的隐形斗篷。不难想见，来自未来的时间旅行者或许正活动于我们的周围，只是没人能注意到他们。

我们还有一些方法或能用于时间旅行，但这些方法对人类无效。有几种时间旅行的方法只适用于光，而不适用于其他物质。如此，我们仍能将信息发送给过去，但我们或许永远都见不到一台真正的时间机器，无法遇到一位真正的时间旅行者。

最后，许多可能的时间旅行方法都有物理限制，使未来人不太可能访问 2005 年。我们可以看到，基于相对论的时间旅行机制（占据了可能机制的大部分）无法将载荷发送至时间机器首次开启之前的时刻，或者是空间旅程开始之前的时间点。物理学对这类时间旅行设置了绝对的屏障。无论技术的高低，这种屏障意味着时间旅行者可抵达的最早时刻仍在我们的未来（除非有人已创造了一种时间机器，只是我们尚不了解）。

不过，以上情况还存在一个希望——我们也许能使用另一个文明制造出时间机器回到今天。人类或许能在未来的某个时候构造出时间机器，但它显然不能记录下今天的时间，因为它后于这个时间被构造。但若存在这样一个假设，一位外星访客在我们的过去设置了一台时间机器，就像电影《2001：太空漫游》（2001：*A Space Odyssey*）中人们在月球上发现的那块巨石。这样，事实上某台时间机器已放置在了我们中间，只是我们尚未发现。它能帮助我们在未来回到现在。遗憾的是，大多数科学家认为这样的可能性太低。

史蒂芬·霍金早年对时间旅行者的怀疑还是有根据的，因为霍金发表的一些推测让我们有机会审视"遇见来自未来的时间旅行者"这件事的另一面，鲜于被人考虑的一面——我们真想与来自未来的人相见吗？会有危险吗？

2010 年 4 月，霍金讨论了遇见外星生命的可能性。他提出，外星人的存在几乎可以肯定。但他声称，与其抱着友好愿景像《星际迷航》一样"寻找新生命"，我们更应试着隐藏自己。他列举了欧洲旅行者遭遇技术欠发达文明的例子。事实上，欠发达文明的结局通常都不好——与交朋友相比，欧洲人更感兴趣于掠夺当地的财富和资源。

当然，随着科技的进步，我们也倾向于保存其他文明——但我们不能确切地知道，这种进步也会发生在其他具有高技术的外星文明身上。外星访客或许有更大的可能对我们不予理会，甚至只是单纯地希望抢劫地球的资源进而将我们清除。

与外星人也许会认为我们碍事一样，来自未来的人也许并不将我们视为同类。如果他们进化了，或是变为了某种技术与血肉结合的半生物半机器生命体，来自未来的旅行者将有大概率认为 21 世纪的人类不值得保存。

不幸的是，我们并未听从霍金的建议，依然不可避免地向未来发送人类文明的信号，我们做不到阻止未来人知道我们的存在。不管我们是否喜欢，信息一定会从现在传递至未来。如果时间旅行技术最终成为可能，我们是否组织集会邀请时间旅行者来参与将变得不再重要，因为他们必将到来。

目前，我们诱使时间旅行者前来时空中某一点做客的尝试似乎全部失败，正如 MIT 集会组织者后来的评论，"很多可能出席的时间旅行者伪装了身份，以避免被人询问无穷无尽的关于未来的问题"。也许，就是这个原因让他们不愿出现。我对此持有不同看法，难道全部旅行者都能忍住不给我们留下一丁点儿暗示吗？

我们至少思考了时间机器的想法是否为幻想，思考了时间旅行是否能真实存在。为了解决这些问题，我们需要找到某个科学原则以保留时间旅行的可能性。幸运的是，我们有好几个这样的科学原则，其中不乏一条众人皆知的原则。我可以保证，你以及其他所有人都曾进行过时间旅行。准确地说，我们每人都体验过前往未来的时间旅行。

6 回到未来

我从不思考未来，因为它会很快到来。

——阿尔伯特·爱因斯坦（1879—1955），于"贝尔金兰德号"（Belgenland）邮轮上接受的采访（1930）

你在科幻小说里看到的每一架时间机器都有一个根本性的缺点。《时间机器》中的设备如此，《神秘博士》的塔迪斯飞船亦如此，电影《回到未来》中埃默特·布朗（Emmett Brown）博士的时间旅行装置德劳瑞恩（DeLorean）汽车也是如此。这些时间机器在时间之河中来去自如的原理皆相同——设置好日期，就能启动机器实现旅行。然而，真实的时间旅行可不是这样，在时间里向前与向后旅行的原理并不相同。

爱因斯坦统一了时间与空间，但时间这个维度与空间的三维存在根本上的区别。在空间中，向前与向后的运动并无区别。也许，你会想到在繁忙高速路上开倒车时的场景，但这只是特殊情况。一般而言，三维空间中的不同方向并无区别。例如：我向你展示一辆沿着一条特殊的线行驶的小汽车，你没有办法分辨它走的是"正"向还是"反"向，但你能很明显地分辨出一段杯子摔碎的影片是"正"放还是"倒"放。我们之前曾介绍过，时间有箭头，具有天然的方向性。

这意味着时间里的向前旅行相对简单。这种旅行不需耗费能量，不需花费太多力气，不需神奇的时间机器，不需任何活动。你只需宽心安坐，耐心等待。从开始阅读本章起，你已在时间里向前旅行了好一段时间，啥也不用干。时间旅行以一种坚实、不变的步伐迈进了。

如果你只愿岁月静好，不愿前往更遥远的未来，这没问题。如果你不满足现在的时间迈进速度，期望更快地到达目的地，时间旅行则成为了你的期望。或许这非常令人惊讶，我们早已做到了这点，我们经常体验加速前往未来的过程。

假设，你昨晚没有失眠，那么，你很可能以超过"1 客观秒/主观秒"的速率度过了过去的 24 小时。因为你在睡着的那部分时间，体验不到时间的流逝，我都不需提及主观时间在你无聊时会延长或在你感兴趣时会压缩的情况。比如：你睡了 7 个小时，你在过去的一日一夜体验的主观时间只有 17 个小时（或许还有一点做梦的时间，如果你还能记起）。

你或许认为这是作弊。事实上，我们已看到，主观时间是可变的。如果你静坐听了一节据称是 45 分钟但感觉像 3 小时的课，你能说自己在刚刚的一整天中经历了 17 个小时（主观时间）吗？显然不能。不过，速度时快时慢的主观时间和无意识下的时间旅行还是存在差别的。某些人可以为此明确地作证，这些人曾因昏迷体验过向未来飞跃的旅程。

阿肯色（Arkansas）人特里·沃利斯（Terry Wallis）在昏迷 19 年后获得苏醒。1984 年 7 月，20 岁的沃利斯乘坐一辆小汽车遭遇了车祸。19 年后，他在 2003 年醒来并发现了一个全新的世界。他错过了"挑战者号"航天飞机的失事以及切尔诺贝利核电站的爆炸，错过了泛美航空公司的洛克比爆炸案（Pan Am Lockerbie bombing）和 9·11 事件，错过了曼德拉重返南非权力巅峰和克林顿夫妇掌管政坛，错过了戴安娜王妃的去世和科伦拜（Columbine）校园大屠杀。对沃利斯而言，他只用了极短的时间（昏迷经历将 19 年压缩为了一段极短时间）就跨越到了 19 年之后，实现了向未来的飞跃。

是的，昏迷可以通过医学诱导产生，但只能持续较短的时间。即使可以安全地制造一次长达2年的昏迷，也并非理想的未来旅行方式。撇去旅行者的脆弱（你真喜欢处于一种完全需要别人照顾的状态吗），昏迷方式还有一个缺点，它不能阻止身体的衰老。没错，你可以在20年后的未来苏醒，但你的身体也老了20年，你的寿命也减少了20年——这可不是大家喜欢的方式。

有一段时间，一些公司提供了一种方法，他们期望这种方法可以停下身体的时间——将深冷储存作为前往未来的一种旅行方式。其构想是：你的身体将被保存在一个极低的温度下，一直保存至你所患疾病获得了新的治愈技术后，再解冻、复苏并治疗。这个方法需要有个前提：待你被复苏时，衰老可被逆转，任何生理问题都能被攻克，"你"的灵魂还保存在这具冰冻的肉体里。

这种方法对时间旅行者的吸引力并不大，因为在开始这段穿越时间的旅程前，你必须先行死亡。（更准确地说，只有在冷冻前死亡，程序才合法。）对大多数人来说，它的代价太高。

即使你有资格参与这段死亡才能启动的旅程，在目前的技术条件下，人体深冷储存的可行性还存在许多重大疑问。我们知道胚胎可以被深冷储存——这通常是体外受精流程的一部分。但是，这些胚胎只是简单的几个细胞，与人体复杂的结构不可同日而语。我们无法确保一具人体（特别是大脑）可保存至未来。我们也无法确保一个被冷冻的大脑能无限期地恢复曾经的记忆和性格。

此外，那些信赖深冷技术的人寄托了太多信任给保证能维持他们深冷状态的第三方。最后我们要谈谈"未来人复苏"的动机问题。假设，在身体和医学允许的前提下，你在冰块里成功保存了100年且成为了首个深冷复苏案例，那么，把你复原还有不错的猎奇价值。但如果不是首个案例，复苏你的价值在哪？这些来自过去的老古董能对未来社会做什么贡献？在这100年中，你还得确保一个强大的信托基金能支付你100年后的复原费用。总体而言，深冷储存绝非时间旅行的理想方式。

我们必须找到一种更可控的时间旅行方式——根据爱因斯坦的狭义相对论（以及来自广义相对论的一点帮助），确实存在这样的旅行方式。我们在第 2 章介绍过的狭义相对论认为：从地球上看，相对于地球运动的时钟时间比地面上的时钟时间更慢。我们第一次得到了一种些许可能的无痛的未来旅行的方式。我们所需要做的只是将某个人放在太空飞船里发射出去，他的时钟将越来越落后于地球时间。这样，他开向了地球的未来（地球的时间更快）。

但这种看法过于简单，因为相对论的精髓是不存在特殊的参照系。换句话说——从地球的视角看，宇航员高速远离地球，他的时钟开始变慢；但从宇航员的角度来看，完全相反，宇航员是静止的，地球正高速远离他。如果，我们能将宇航员瞬间传送回地球（如果技术许可），他绝非达到了地球的未来，而是抵达了地球的过去。

正如我们在第 2 章所见，我们已用两个十分精确的原子钟做了相对论实验。围绕地球转动的原子钟比地面上的慢了少许。坚持 40 年每周穿越大西洋的飞行能让一位飞行常客年轻 0.001 秒。为了更戏剧性地表现相对论的影响，我们搬出孪生子悖论。

这里，有一个著名的思想实验。假设有一对双胞胎，他们是 25 岁的卡尔（Karl）和卡拉（Karla）。卡尔留在了地球，而卡拉坐上了一艘高速运动的太空飞船驶离了地球。卡拉回家时，她惊奇地发现卡尔已经 75 岁了，自己才 35 岁。这对双胞胎现在的年龄已完全不同。假设，卡拉在 2050 年离开，用她的时钟计算，她回到地球的时间是 2060 年。但这时的地球时间已前行至 2100 年了。这个实验得出的结果是，卡拉向她的未来前进了 40 年。

孪生子悖论被人们频繁地用来解释狭义相对论，然而，这个例子仍存在一些混乱。我们知道，狭义相对论具有对称性。在狭义相对论的基本世界里，无法分辨双胞胎中谁运动谁静止。没有一种机制能让卡拉使用相对论最简单的形式前往未来，这就是孪生子悖论让人困惑的地方。科学地说，孪生子悖论确实有效，就像围绕地球飞行的原子钟的确会变慢。但我们不能简单地认为其原理是，高速飞行产生的时间膨胀效应引起了时间变慢。

我们仍然用卡尔和卡拉的例子探究一下事情的原委，魔鬼存在于细节中。卡拉的太空飞船加速到接近光速并远离地球大约需要花费 5 年时间。之后，她开始减速至与地球相对静止。再后，她开始加速至高速状态，这次是朝着地球的方向。又经过了 5 年的旅行，35 岁的卡拉回到了地球，减速、着陆。最终，她发现了地球上已 75 岁的双胞胎兄弟。

双胞胎不再同岁的原因在卡拉身上而不在卡尔。有一个力作用在卡拉的飞船上使她加速，然后又在相反方向作用让她转向，最后在旅程结束前又作用了一次。这个力并未作用在卡尔和地球上，于是，他们的对称状态被打破了——太空飞船经历了加速度，但地球没有。

只要发生了加速，狭义相对论的直接对称性就被打破了。记住，狭义相对论中"狭义"的意思是指一种特殊情况，仅适用于匀速运动的物体（或静止物体）。在应用未修正的狭义相对论时，不允许加速度的存在。如果有加速度，我们必须将其纳入计算过程。正是加速度有效重置了相对于卡拉的地球时间。她比留在家里的双胞胎衰老得少一些——换种说法，她确实旅行到了未来。

在真实实验使用的原子钟例子中，远不止加速度那么简单。首先，飞机上的时钟如同卡拉一样经历了自静止到起飞（大约每小时 800 公里）的加速以及结束旅程时回到静止状态的减速。其次，这一过程还发生了一些另外的事情。

在经典的孪生子悖论中，太空飞船直线航行了 5 年。停下来调头，再直线返航。太空飞船的两条航线无需一致，因为地球也在运动，太空飞船在返航时必须事先预测地球的运动位置而调整航向，但航线可以是直线。对比地球内的飞机——飞机与太空飞船不同，飞机的飞行线路是曲线而非直线。

如果我们检验加速度的精确定义，就会发现两者的不同。加速度并非只是速率的改变，而是速度的改变。速度具有两部分：速率和方向。

其中任一个或者两者发生了改变，物体皆为加速状态。因此，沿弧线运动的物体由于方向一直改变，故而一直处于加速状态。再次，简化的狭义相对论变得不适用，我们需要做加速度的校正。

孪生子悖论可能比基础的狭义相对论更复杂，但很有效，实验也证实了这点。它给我们提供了最有潜力的通往未来的时间旅行方式。我们接下来会看到，虽然要往未来跳进一大步并不容易，但至少，我们现在讨论的方式比其他任何逆向时间旅行（后续章节会介绍）更直接，且在今天的技术下能实现。

设想，卡拉成功地让自己的太空飞船加速至光速的 50%，这是个不赖的速度。假设以地球的视角，她已旅行了 10 年。然而，卡拉的时钟会显示她航行了约 8.65 年。此时，她调头返航，将同样的事情重复一次。根据地球的时间卡拉航行了 20 年，但实际上她只老了 17.3 岁。在这个设想中，她向未来旅行了 2.7 年。不过，这个时间太长了，我不认为会有人愿意为了向未来旅行 2.7 年而花费自己生命中的 17 年时光。

简单说，我们如要接纳孪生子悖论作为前往未来的旅行方式，显然需要远超 50% 光速的速度才可行。速度越快，你花费的时间越少，且到达未来的时间更远。如果你的速度能无限靠近光速，你就能以相对较小的旅行时间跃至未来的任何时间。同时，这也需要付出较高的成本——加速是需要成本的，越接近光速，成本增加越快。

更新一个概念，速度无限接近光速并非永不可达到。粒子加速器就能将质子加速到超过 99.9999% 的光速，但欲让某个比粒子大得多的物体达到这样的速度显然需要耗费巨大的能量。根据牛顿力学第二定律，加速度越大，施加其上的力也越大。这个作用力等于物体质量乘以加速度。将这个力乘以你的作用距离，即可得到能量。故而，你想得到的加速度越大，其需要的能量也越大。

这都是经典的物理学知识，也是你在高中曾学过的内容。我们从另一个角度分析一下这个问题：太空飞船的动能（运动的能量）。动能计算公式为 $E = \frac{1}{2}mv^2$，前提是我们暂时坚持牛顿的宇宙观。根据公式，飞船的动能是飞船质量的一半乘以速度的平方。所以，要达到一个特定的速度，你至少需要付出这个特定速度对应的能量。我说"至少"是因为 $\frac{1}{2}mv^2$ 并非我们实际需要的全部能量。太空中的确没有什么摩擦力，但行星间飘浮的气体和尘埃仍会产生一些阻力；此外，一些能量会以热的形式逸散。所以，实际上，飞船需要的能量必须大于 $\frac{1}{2}mv^2$。

这个方程还有一些需要注意的地方，能量与速度的平方成正比。下面，我们绘制了一条描述特定速率对应能量的曲线（为简单起见，我将质量设为 2 千克，所以 $\frac{1}{2}m$ 等于 1）：随着速度变大，能量开始飙升。我们可以做一些简单的加法。假设，我们正处理一架与航天飞机差不多重量的飞行器，大约为 100 吨或者 10^5 千克。我们的目标是 $0.9c$（光速的 90%）。在这一速度下，卡拉在一场以地球角度看需要 20 年的旅行中，她实际只衰老了 8.71 岁——她往未来旅行了 11.29 年。

从实用性考虑，我们必须引入科学计数法 10^n。这样，10^1 等于 10，10^2 等于 100，依此类推。

太空飞船的速度达到 90% 光速时为 2.7×10^8 米/秒。那么将此数值代入公式 $E = \frac{1}{2}mv^2$，能量需求等于 $0.5 \times 10^5 \times 2.7 \times 10^8 \times 2.7 \times 10^8$，计算结果为 2.6×10^{21} 焦耳。或许，我们对这个数字并无概念。我们来看看美国所有的发电厂输出的总能量，4.5×10^{11} 瓦。1 瓦特等于 1 焦耳/秒，所以，美国所有发电厂每秒能输出 4.5×10^{11} 焦耳的热能。借助这个数据的参考，我们发现，我们需要将这个能量提高 100 亿倍才能让我们的飞船达到 90% 的光速（2.7×10^8 米/秒）。

按照计算，为了让一艘航天飞机加速至 90% 的光速（2.7×10^8 米/秒），我们需要美国所有的发电站持续输出 8×10^9 秒的能量，大约需要 250 年（这还是能量利用率达到 100% 的前提下）。如此大的能量，令人震惊。事实上，实际能量更大，因为我在计算中还忽略了一个微小的

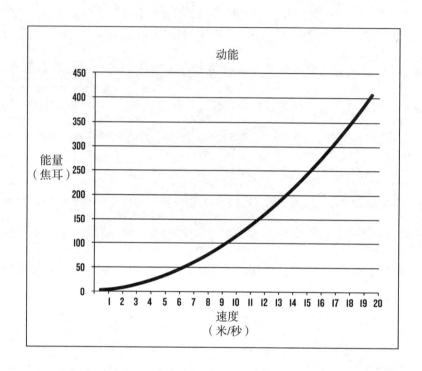

因素：狭义相对论。

　　相对论并不只意味着接近光速时时间会变慢，还存在一些其他效应——当太空飞船的速度越飞越快时，它的质量也会增加。更大的质量意味着更大的动能——之前，我们利用牛顿定律做计算时，质量被设定为定值，并未因速度的变化而增加。如果航天飞机以 90% 光速航行，其质量一定不会停留在 10^5 千克，而是更大。更糟糕的是，质量与速度的变化关系被介入后，简单的动能公式 $E = \frac{1}{2}mv^2$ 将不再适用。

　　如果你用相对论方程（此处稍嫌麻烦）计算我们这艘静止时 100 吨重（10^5 千克）速度为 90% 光速（2.7×10^8 米/秒）的航天飞机的动能，你会得出 1.2×10^{22} 焦耳的能量。初看起来，这个结果比牛顿力学的计算并未超出太多，但实际上上升明显（取决于你对数的理解）。在现实生活中，我们必须让所有发电站输出 830 年才能满足这个能量需求。同时，你越靠近光速，这种相对论效应就越明显。

不过，即使以这种速度飞行，卡拉也必须花掉她生命中超过 8 年的时间才能向未来前进 11 年。接着之前的设想，我们继续加快速度，使飞船达到 99% 的光速。从卡拉的视角看，现在这段长达 20 年的航程只需要 2.82 年了，她将向未来旅行 17.18 年。从这份回报上看，时间旅行已开始变得有价值。

如果我们想让航天飞机达到 99% 的光速，牛顿力学计算出我们需要 8.8×10^{21} 焦耳的能量，相当于美国所有发电站约 600 年的能量总输出。爱因斯坦的相对论则给出了一个不同的结果，我们需要 5.4×10^{22} 焦耳的能量，相当于美国所有发电站约 3 700 年的能量总输出。根据相对论的计算法则，我们如果继续靠近光速，动能将无限飙升。

让我们回归现实，或者至少是回归目前已知的空间技术。迄今为止，人类制造的最大的火箭发动机（阿波罗计划使用的土星五号火箭上的发动机）产生的功率大约为 1.5×10^{11} 瓦特。这个数据有多大？大约为美国所有发电站每秒功率总和的 33%。以这个数据为参照，仅达到 90% 的光速就意味着这样的发动机必须持续点火大约 2 500 年。

从另外一个角度看，阿波罗计划的宇航员相对地球的运动速度已达到了历史极限，速度超过了每秒 11 公里。而光速的一半是每秒 1.5×10^5 公里（请牢记，以这个速度航行 17.3 年才能向未来前进 2.7 年）。

所以，虽然时间里的正向运动在概念上很简单，使用现有技术在理论上似乎也能做到，但我们必须面临一个实际困难——需要超巨大的能量才能以值得付出的代价向未来跃进足够大的一步。如果我们用汽油作时间飞船的燃料，需要携带大约 600 亿吨。在前面的假设中，我们仅用了静止时重 100 吨（10^5 千克）的航天飞机。如加上 600 亿吨的燃料，又需要多少能量？燃料的增加意味着初始质量的增加，初始质量的增加意味着需要更多的燃料，无限循环。

唯一可能的办法是，找到一种比汽油能量密度更高的燃料。常用的核燃料（用于核电站）每单位重量产生的能量大约为汽油的 200 万倍。即便如此，你仍然需要大约 31 000 吨核燃料。没错，它们的确比汽油好，但并不实用。现在，我们将唯一的希望寄托于电影《星际迷航》（*Star Trek*）的描述。

电影中虚构的"企业号"星舰使用了目前最强大的能源：反物质。这是唯一的希望。反物质引擎听上去科幻感十足，"企业号"的动力原理是虚构的，但反物质是一种真实的概念。反物质和普通物质的构成一样，但构成反物质的粒子携带的电荷与普通物质正好相反。

例如，电子带负电荷，而反电子（常被称为正电子）带正电荷。所有的粒子，都有自己对应的反物质粒子。当电荷相反的物质与反物质（例如，电子和正电子）相遇时，它们会相互吸引、撞击，并互相摧毁（即湮灭）。

在这一过程中，粒子对的质量会被转换为能量。虽然类似电子这样的粒子质量很轻，但爱因斯坦著名的方程 $E = mc^2$ 告诉我们，这一过程产生的能量等于粒子对的质量乘以光速的平方。这就成了一个很大的数字。1 千克反物质与对应数量的普通物质湮灭后，能产生一座常规发电站运行 12 年的能量总输出。（能量输出取决于我们使用的反物质。此外，反应中或许会产生一种被称为中微子的次级粒子，它会使实际能量减半输出。不过，它只是一个小问题。）反物质是时间飞船的理想能源，是我们现知的最紧凑的能量储存方式。它的能量密度比核燃料大1 000 倍。

引入狭义相对论计算，我们需要一座常规发电站 450 倍的能量（相当于美国所有发电站）持续输出 830 年，才能达到光速的 90% 所需的能量值。这相当于 31 吨反物质中储存的能量，我们终于得到了一个可控的重量。这里需要提醒大家的是，今天，全世界每年的反物质产量大约为 0.000 001 克。所以，31 吨的产量我们如何在短时间弄到？这可是今天全世界产量的 310 亿倍。

更糟糕的是，我们尚无办法将反物质湮灭产生的原能量（以猛烈喷发的伽马射线形式）转换为飞船的运动。即使有办法驯服这种力量，其做法也许会非常笨重。如同，尽管核燃料比汽油的能量密度大 200 万倍，但我们仍不能看见核动力汽车。因为反应堆太大、太沉且太危险。同理，驯服反物质的力量也许需要更大更沉的设备。

如果，你认为这些还不够糟糕的话，我想强调的是，目前我所作的所有假设都是无可奈何的乐观猜想。我提到了燃料重量以及将其转换为运动的机制问题，但我并未考虑时间旅行者的食物和饮水的重量问题。事实上，这个问题很重要，因为时间旅行者会在时间飞船里待上很多年。我还自顾自地假设，我们可将燃料中所有的能量转换为动能。实际上，现有的大多数引擎都以热的形式浪费了大量的能量（试想，坐在航天飞机发射架旁会有多热）。

还有一些更多的问题。为了分析简单，我假设所有能量都能提供给时间飞船加速，且忽略飞船不会被沿途天体的引力或穿过的气体阻力减慢速度。不过，伤脑筋的是，我还忽略了另一个更大且无法回避的问题：飞船抵达旅途终点掉头返航时怎么办？

理想情况下，飞船可将其飞行的动能转换回来变为反物质，但这在目前绝无可能做到。即使在最有利的条件下，生产反物质也令人头疼，更何况时间旅行。所以，我们寄希望于能有另一个办法解决问题——停止掉头时、返航时、返回地球时，均以相同多的能量使飞船停止或加速。这样，全过程总计需要基础能量的4倍。

这样看来，如果你必须随身携带燃料升空，不管你的能源有多紧凑，欲使航天飞机那样的物体加速至接近光速几乎不具有可能性。我们急切地需要找到一种新办法，不需携带燃料的办法为飞船提供动力。一种办法是使用太阳帆，利用太阳无尽的电磁能量产生的微小但稳定的压力提供动力。

太阳风（太阳发射的粒子流）能产生一种相对较小的效应，太阳帆很大程度上依赖于光能和其他电磁辐射能的转换（太阳风冲击太阳帆）。我们知道太阳帆有用，但依靠太阳或许不足以让时间飞船达到目标速度，因为当你驶入太阳系远端时太阳的力量会快速衰减。

如要使用光驱动的太阳帆，我们需要一个巨大的、位于太空的激光器，它能将静电发生器的能量转为电磁辐射并轰击太阳帆。这意味着光子帆（称其为太阳帆已不准确，此时的太阳已非其主要动力）并不适用于时间旅行，因为在旅行的远端会出现麻烦。除非我们能在航行的目的地设置另一个激光器以及配套的动力源。同时，减速并调头的动作也无法完成，飞船将永远地飞向太空。

如果光子帆可行度不高，还有一种可能是，在飞船上安装一个能在航行时以某种方式从周围环境汲取燃料的发动机。即使在太"空"中，也有物质可被汲取——利用反物质反应，我们需携带适宜质量的反物质，因为寄希望于在太空中找到如此多的游离反物质几乎不现实。我们至少需要携带一半重量的物质/反物质驱动所需要的燃料。

20世纪60年代，人们曾梦想过一种技术，能"无中生有"地产生动力——巴萨德冲压发动机（Bussard ramjet）。其思想是，以常规手段将飞船推至高速，而后收集来自太空的天然氢碎片（从其他地方分离而来），并使用飞船高速带来的压力将氢压缩，直至能产生核聚变并释放能量为飞船提供动力。理论上，这是个不错的想法，但目前我们所掌握的信息表明——氢可用数量及压力大小的全部数据告诉我们，这种办法暂不可行。

利用核聚变的方式也非常困难。核聚变在将来一定是非常有用的技术。它是太阳的运行原理，它与我们今天使用的核裂变发电厂完全不同，它使用的是廉价燃料且不会产生难以处置的高浓度废料。然而，尽管人类研究核聚变已50年了，仍未制造出能自我维持的核聚变反应。可控的核聚变反应具有不可思议的困难度，因为你不仅需要操控高温高压，还要防止聚变材料碰到任何其他东西。大型研究装置的实验已证明了它的困难——如能让它在相对较小的飞船引擎上工作，将是一种巨大的进步。

即便我们成功地让时间飞船加速至接近光速，依然会存在很多其他问题。这种速度下的导航将会成为噩梦，会产生很多未知风险，很多危险不可避免。与灰尘撞击的危险将一直伴随我们——在这样的速度下，最小的物质微粒也能穿透任何物体。当时间飞船撞击了气体的原子或更糟的高能宇宙射线时，撞击过程也许会像粒子加速器里的撞击那样产生致命的辐射潮，这需要极致密的防护装置。

如果我们要求不高，利用狭义相对论向未来前进一点是容易的，使用今天的技术可以轻松做到。我们每次坐飞机旅行时就做到了，只是这种前进只有几百万分之一秒，太细微。

在所有的技术问题中，我倾向于认为，生物性的解决方案或许会先于工程解决方案出现。存在这样一种可能，在拥有将太空飞船推至光速的百分之几的技术之前，我们早已有能力将人体放进冰块中完美保存，不会衰老。

这真是一种耻辱，一团糟。我们希望时间飞船建立在美好的物理学基础上，但在短中期的时间内，我们或许要借助生物学方法。在完全放弃之前，还要提一个来自相对论的解决方案——既能让运输工具前往未来，又不需要任何的高速运动。实际上，这是一种你坐在沙发上就能进行的时间旅行——虽然，实际上你需要去往外太空。

之前介绍过，狭义相对论并非爱因斯坦提供的唯一一种操控时间的办法。广义相对论告诉我们，引力也能让时钟变慢。当 GPS 卫星系统被相对论影响时，对卫星时钟产生最大影响的并非狭义相对论，而是低引力导致的时钟变快——因为卫星时钟在轨道上运行，它们受到的地球引力影响明显小于地面的时钟，这意味着它们比地面上的时钟走得更快。

原则上，我们需要做的是坐在一颗中子星上进行快速的正向时间旅行。中子星是死亡恒星的残骸，恒星塌缩后，每 100 万吨物质压缩在 1 立方厘米的体积里——大约葡萄大小。一颗恒星巨大的质量压缩在大概纽约曼哈顿大小的体积里。

当然，坐在一颗恒星上本身就有一堆问题。首先，人会热得受不了。太阳的温度大约为 5 500 摄氏度，中子星的表面温度可高达 100 万摄氏度。在实际情况中，我们不需接近至中子星表面才能感受到巨大的引力牵引，但任何的中子星时间旅行者都需要一些真正的热防护措施。

不幸的是，与温度相比，还有更可怕的事情。中子星的引力作用可强大到在旅行者身体的两端产生潮汐力。拜访中子星的访客或许会首先体验死亡潮汐。

欲加深对此的理解，我们可试想一下地球上的潮汐。如果我们在一天中的任意时刻从太空中观察地球，能看到地球的一面靠近月球，另一面远离月球，其最大差为地球直径（12 750 千米）。月球对地球近月点的引力作用更强，所以海水在这个方向被牵扯的力大，表现为海水上涌，涨潮。与此相反，在远月点，海水受到的月球牵扯力小，所以海水也会上涌，形成另一次涨潮。

中子星强大的引力作用带来的结果将是月球潮汐作用的加强版。这种引力作用将会拉长任何靠近它的物体，物体远端和近端受到的引力差异足以将物体拉伸得像太妃糖。时间旅行者的飞船将被摧毁，被一个叫做"意大利面化"（spaghettification）的过程拉伸。时间旅行者也会同时被撕碎，被拉扯成一条又长又薄的物质带。

不过，拓展现有的工程能力，或许有一种办法能绕开这个问题。这意味着，时间旅行者不必非得经历许多光年的空间旅行才能开始自己的时间旅行。毕竟，目前我们知道的距离我们最近的中子星，要么是 326 光年外的脉冲星 J0108 – 1431，要么是最近发现的"Ursa Monor"（绰号 Calvera），距离我们 250 光年。这实在太远了。

杰出的工程学办法是，将一颗中子星分割为可操控的小块，并将这些小块运输至一个适宜的地点。然后，我们利用这些小块进行时间旅行。假设，时间旅行者坐在太空中一个被保护的球体内。我们用中子星物质环绕在她的周围，每次在方位相反的位置增加一对中子星块，或者我们可以围绕她建造一个中子星物质球体，一层层地建造。

其目的是让时间旅行者坐在中子星的中心，不让她靠近中子星外表面。她仍能受到引力场的作用，但不会有变为意大利面的风险，因为引力场在所有方向平衡了。从牛顿时代起，我们就已知道，球体的中心不会感受到引力，广义相对论对此也无异议。

　　我们的时间旅行者将感觉不到引力的牵引，她的时间会以极慢的速率流逝（或者从她的视角看，其他人的时间皆在飞驰）。在未来的某个时刻，拆开球体后，时间旅行者重新现身就实现了向前时间旅行。不过，这样的时间旅行方式也存在限制。中子星材料堆积得越多，时间旅行者向未来前进得就越快——但如果材料太过密集，这架时间机器将会塌缩为黑洞，将时间旅行者毁灭。外部时间 5 年对应内部时间 1 年的速率或许是这种时间机器的极限（不被毁灭）。如果你要向未来旅行 50年，你必须在这个球体里待 10 年——考虑时间及其他代价，这似乎不值得我们努力。

　　不管怎样，目前我们还不能实现这样的工程学技术，所以我们仍然只能以"睡觉前往未来"的方式作时间旅行。事实上，除了记忆之外，生物学提供不了回到过去的路径。为了回到过去，我们唯一的希望只能是物理学。最早的实例，可追溯至 200 多年前的一段古典音乐。

7　曲速4级

事实上，人们常说，本世纪所有的理论中，最离奇的是量子理论。有人说，量子理论唯一的成就就是，它的正确是毋庸置疑的。

——加来道雄（Michio Kaku）（1947— ），

《超空间》（Hyperspace）（1994）

1995年1月，在美国犹他州雪鸟城（Snowbird）举办的一次会议上，科隆（Cologne）大学的金特·尼姆茨（Günter Nimtz）教授让同行们大吃一惊，他用一台老旧的随身听给他们放了一节莫扎特的《第四十号交响曲》。播放的片段听起来并不怎么样，带着沙沙的杂音，有点失真。乐曲本身也只是一段标准的演出。让物理学家们感到惊讶的是，音乐到达录音机的方式。

"这首莫扎特，"尼姆茨说，"经过了超过4倍光速（曲速4级①）的速度传输。我想，你们会同意它产生了一个信号的说法，一个回到过去的信号。"

---

①"曲速"概念（Warp factor）来自于科幻剧《星际迷航》，指曲速航行的速率分级（曲速层级），曲速1级是真空光速（c），所以4倍光速即为本章题目"曲速4级"。

71

尼姆茨教授的噱头震惊了大会出席者，但其背后的科学已发展了约一个世纪。现代物理学最基础的理论之一量子理论能提供两种潜在的时间旅行方式，这是第一种。

量子理论是微观物体的科学，它解释了像原子和光子这些组成物质基本结构的粒子的行为。量子理论的奠基者是德国科学家马克斯·普朗克。

普朗克于 1858 年生于德国基尔（Kiel），他对科学和音乐都很感兴趣。事实上，他完全能轻松地成为一名音乐钢琴家。他在 1875 年进入慕尼黑大学时，或许就已在慎重考虑选择以科学为职业。当时的物理学教授菲利普·冯·约利（Philippe von Jolly）的看法是，这个领域已没什么可做的了。约利相信，科学对现实的描述已非常完整，人类只需完成一些细节就能完全地认识世界。他告诉年轻的普朗克，学习物理学或许很快会成为历史学家，而非科学家。

普朗克并未被这种悲观想法阻碍。他继续学习物理学，并证明约利的想法是错误的。实际上，在接下来几年里发生的一切将证明，19 世纪末的人们对物理学的大部分认识是错误的，至少是片面的。马克斯·普朗克不情愿地处于这场革命的中心。

在约利的有限世界观里，物理学待完善的细节之一有个戏剧性的名字叫"紫外线灾难"。它是人们观察热物体时发现的现象。从事金属工作的人（可追溯到史前铁匠）发现，物质被加热时会发光。随着温度升高，产生的光的颜色也会发生变化。金属相对较冷时为红色，接着变为黄色，最终变为白色。这或许并不值得惊讶，但 19 世纪末的科学家发现了一些更奇怪的地方。

他们认为，发光物体放射出的光频率越高，释放的能量越强。当光越过蓝光频率进入到不可见的紫外线范围时，释放的能量将高得不可思议，似乎每块物体释放出的能量都接近无限大。

这显然并未发生，是什么阻止了它的发生？科学家解决类似问题的方式通常是提出一个假说、一种理论，或者一种猜测。接着，科学家会验证，如果假说成立将会观察到什么，并将观察结果与现实作比较。又或者，假说需要调整和修正，需要做更多实验和测量以了解假说的真伪。事实上，大部分假说会在中途失败，但有些假说与现实以惊人的准确度匹配，于是它们被当作理论以解释物理学世界。

普朗克产生了一个想法，他后来将其称为"猜中了"。他认可光释放的能量会随频率升高，这是光的内在性质。当时的很多人认为，存在一种连续的能量谱从而可产生任意水平的能量。与此观点相比，普朗克假设发光物质中任何一种原子只能释放特定大小的能量块。如果是今天的物理学家，或许会给这种能量块取一个异想天开的名字，但普朗克接受的是古典教育，他称其为量子（quantum）［这个词来自拉丁语的"多少"，与单词"quantity"（数量）同源］。

这个微不足道的假设在数学上产生了惊人的效应。能量不再趋于无限了，相反，能量被量子化后，不同频率释放的能量会在抵达峰值后急速下降。这与人们的观察结果完全一致。

对普朗克而言，使用量子概念只是一种数学技巧。当时的人们广泛接受光是波的观点，而波是不能被分成一份一份的。他的假说更像300年前牛顿的老理论（光由粒子构成），当时的牛顿称这种光粒子为"微粒"。而此时的普朗克知道，已有大量实验证明了光是一种波。

普朗克在1931年写给美国物理学家罗伯特·威廉·伍德（Robert William Wood）的信中坦白了自己的怀疑："一句话，我可以将整个过程称之为一种绝望之举。因为我本性平和，反对冒险……"

普朗克找到了解决计算问题的数学方法，而爱因斯坦走得更远。之前介绍过，爱因斯坦1905年发表了一篇伟大论文，研究光电效应背后的理论，这篇论文也帮他赢得了诺贝尔奖。爱因斯坦认为，当光射到一块金属上并成功将电子从原子中轰击出来时，能量必须以量子形式释放——不是理论化的数学形式，而是真实的物理实体。

爱因斯坦的理论建立在匈牙利物理学家菲利普·莱纳德（Philippe Lenard）的实验基础上。莱纳德在1902年发现，光电效应与金属是亮是暗无关，电子被轰击出来的能量并不仅取决于光的颜色。如果光是一种波，那么越多的光照在金属上，电子的能量就应该越高。爱因斯坦比普朗克更进了一步，接受了他的前辈认为不可能的情况——他相信光真是由封闭的能量小包构成。

美国化学家吉尔伯特·刘易斯（Gibert Lewis）给这些小包取了一个名字：光子。另一个美国人罗伯特·密立根（Robert Millikan）证明了爱因斯坦是正确的。爱因斯坦一步到位，将普朗克的数学技巧变为了光与物质相互作用的基础描述，并无意中开启了即将出现的量子理论。

正如人们所料，普朗克并不太欣赏这位年轻新贵的成就。1913 年，爱因斯坦希望普朗克帮他写一封加入普鲁士科学院（Prussian Academy of Sciences）的推荐信。总体上，普朗克对这位年轻人很热情，但他感觉自己有必要提示一下爱因斯坦——"有时，在推理时会失去目标，例如在光量子理论中"。

爱因斯坦奠定了量子理论的基础，但将量子理论推至巅峰的人却是丹麦物理学家尼尔斯·玻尔（Niels Bohr）。玻尔于 1885 年生于哥本哈根。我们会看到，爱因斯坦和玻尔将围绕量子理论争辩多年。

玻尔的第一个大进展是应用爱因斯坦和普朗克的量子概念解释原子的结构。人们已知道原子的内部既有正电荷也有负电荷。英国科学家汤姆孙（Thomson）的理论认为，负电荷分散在原子内部，汤姆孙含糊地将其类比为"葡萄干布丁"。葡萄干布丁是一种圣诞节甜点，布丁里散杂了一些水果（比如葡萄干）。葡萄干是负电荷（后来知道是电子），布丁面团是正电荷。

新西兰出生的物理学家欧内斯特·卢瑟福（Ernest Rutherford）粉碎了这种原子理论，他发现了原子核（以细胞核命名）。在英格兰剑桥的卡文迪许实验室，卢瑟福的助手汉斯·盖格（Hans Geiger）和欧内斯特·马斯登（Ernest Marsden）利用天然放射性元素铀的衰变制造了阿尔法粒子（带正电的重粒子），然后用其轰击金箔纸，观察金原子如何影响这些粒子的飞行路线。

令人意外的是，一些阿尔法粒子反弹了回来。卢瑟福将这一现象比作"向一张餐巾纸发射一颗 15 英寸的子弹，它弹了回来并射中了你"。剑桥团队证明，原子中的正电荷集中在一个小而致密的核心中，一个非常小的核心。如果原子被放大到一座教堂大小，原子核大概只有苍蝇那般大，在教堂里嗡嗡飞舞。

这个微小、孤立的原子核让带负电荷的电子无家可归。玻尔想到了另一种类似情况，也有一个位于中央相对较小且很重的核——太阳系。太阳与外围行星的距离很远，然而，行星全围绕着太阳系的中心转动。为什么原子不能也像这样让带负电的电子围绕中央的原子核转动呢？这样的模型即使在今天也会让人感觉熟悉，因为这种从微观到宏观的推导逻辑极具说服力。

如果你今天请某人画一个原子，他画出来的原子图很可能看上去与太阳系相近。然而，这一模型并未在物理学中生存下来。我们接下来会看到，量子理论告诉我们，电子存在于原子核周围一片模糊的概率云中，并非像作清晰轨道运动的迷你行星。不过，类行星印象留在了大众的头脑中，因为这种模型更易于人们理解。

在玻尔提出这个理论的同年（1913 年），他认识到这种模型存在一个致命缺陷。虽然电子呼啸着围绕带正电的原子核作轨道运行与绕太阳飞行的行星看起来很相似，但两者存在本质区别——维持两者位置的力不同。对行星来说，引力使它们公转；对原子来说，则是电磁力。引力与电磁力完全不同。

当行星围绕太阳转动（或者卫星围绕地球转动）时，会发生两件事情——地球在太阳的引力作用下会向太阳的方向下落；同时，地球还会相对太阳作切线运动。两种运动的合力产生了一条环形轨道。只要行星速度不减慢，两种运动将相互抵消，行星会无限期地随着这条轨道围绕太阳转动。

我们知道，即便行星的速率恒定，这种轨道运动也是一种加速运动——因为加速度即速度的改变，包含速率的改变和方向的改变。虽然，行星的速率保持不变，但它的方向在引力作用下一直改变着。

这在星际系统没有问题，但如果我们将该理论转至电子围绕原子核运动的情况，则会产生一些麻烦——因为电子加速运动时，会以光的形式释放能量。鉴于此，如电子沿轨道作加速运动，它会螺旋坠入原子核中并辐射出光，原子会崩溃。这样，每个现存的原子在短时间内都会自我毁灭。谢天谢地，这并未发生。所以，玻尔必须找到更符合现实的电子轨道运行的新机制。

他想象电子只能在固定的轨道上运动，电子就像在原子核外设的铁轨上奔跑一样。电子通过释放或吸收一个光子，以一个光量子的形式失去或获得能量。电子不会逐渐由一个能级移动到另一个能级而使其螺旋坠入到原子核上。相反，它只能从一条轨道跳至另一条轨道——这就是量子跃迁。

玻尔向奇妙的量子世界迈出了第一步后，其他的科学家也接踵进入了这一领域。路易斯·德布罗意王子（Prince Louis de Broglie）、维尔纳·海森堡（Werner Heisenberg）、埃尔温·薛定谔（Erwin Schrödinger）、保罗·狄拉克（Paul Dirac）和马克斯·玻恩（Max Born）都为理解这些组成现实世界基础的微小粒子的行为做出了贡献。其中一个极重要的成果是海森堡的不确定性原理。该原理认为，量子化粒子具有成对并相互联系的信息特征。我们对一个特征了解得越多，就会对另一个特征了解得越少。

其中有一对特征是动量（质量乘以速度）和位置。我们对一个粒子的动量了解得越精确，对其所处的确切位置就了解得越少。如果我们详细掌握了动量，那么，位置就会分散在一大片区域内。需要注意的是，并非是我们无法更精确地测量位置，而是此时粒子本身就没有更精确的位置。

量子理论的另一个进展直接帮助了尼姆茨教授在犹他州雪鸟城展示了比光更快的通讯手段，那就是薛定谔的波动方程。这个量子物理学的基础方程描述了粒子的行为方式。薛定谔最初提出这个方程时，方程似乎提示量子化粒子会随时间而展开，占据一大块空间。一段时间之后，电子会弥漫至地球那般大的范围。这显然不科学。马克斯·玻恩证明，该方程描述的并非粒子的位置，而是描述了在某个特定位置找到该粒子的概率。

现在，假设我们有一个粒子（比如电子或光子）遇到了某种无法穿越的屏障。薛定谔的方程告诉我们，该粒子存在一定概率出现在屏障的另外一边——但这一概率是真实的。方程告诉我们，存在真实的概率让粒子不用穿越中间的空间，直接出现在屏障的另一边。这一过程被称为量子力学隧穿效应。

考虑"不用穿越中间空间"的原因，"隧穿"这个名字似乎并不准确。事实上，粒子不必真像鼹鼠打洞那样穿过屏障，它直接在一侧消失然后瞬间出现在另一侧，物理学家将这种现象称为"零隧穿时间"。这一过程，初听起来，像现实中完全不可能发生的模糊理论。但实际上，它是我们所有生物能够生存的根本原因。

地球上所有生命的驱动能量都来自太阳。（一些生物能靠海底的"黑烟"出口释放的热繁衍生存。若没有太阳，细菌也难以存在。）没有太阳光产生热，为光合作用提供能量并创造我们的气候系统，我们就不会存在。太阳光来自于太阳的核聚变过程。在恒星的高温高压下，氢核聚合在一起并连锁产生了新元素氦。这一过程释放了能量，驱动了太阳并温暖了全人类。

不幸的是，原则上这种反应本不应该发生。氢核带正电，它们会彼此排斥。即便这些粒子在太阳中心的高温高压下变得非常活跃，但仍不会有足够的力克服强大的互斥作用。氢核无法靠得足够近以发生聚合反应。实际上，这种排斥力就是一种屏障，氢核如果要彼此靠近就必须克服这个问题，克服屏障。

大多数氢核都穿不过去，薛定谔方程告诉我们，它们留在斥力屏障原来一侧的概率显然更大。但少数粒子可通过量子力学隧穿效应出现在屏障的另一侧并发生聚变。因为太阳中的粒子总数太多，所以每秒钟都有数百万吨的氢被转化为氦，从而产生了让我们赖以生存的能量流。

20 世纪 90 年代末，加州大学伯克利分校（University of California at Berkeley）的雷蒙德·乔（Raymond Chiao）教授用光子做了量子力学隧穿效应的实验。爱因斯坦总说，没什么东西能比光更快，但乔找到了一种让光自己打破光速屏障的办法。这具有重大意义，如果信息能传送得比光更快，就能回到过去。

假设一个简单的实验，光在真空中运动一个单位的距离，然后隧穿同样的距离穿越一个屏障，接着在真空中再次运动同样的距离（三段距离相等）。第一段与最后一段距离，光运动的速度皆为普通光速，即每秒 3×10^8 米，通常简称 c；中间一段隧穿距离则是瞬间穿越。在数学上，光只花了正常时间的三分之二就跨越了三个单位的距离。它的速度为 $\frac{3}{2}c$，即 $1.5c$——光速的 1.5 倍。

乔和他的团队对这种隧穿效应作了演示，检测到了光的运动速度为平常的 1.7 倍。如果让这束光携带信号，根据相对论，这段信息就有潜力与过去实现通讯（即时间回退通信）。但乔教授并不打算给过去的自己发送彩票号码以赢得乐透奖，也不想为引发时间悖论而摧毁现实世界而焦心。

实际情况是，加州大学的实验依赖的是单个光子，其实验机制无法控制光子的出现时间。无法做到这点，这种随机出现的光子就无法携带信息。我们可提出一种假设，摩斯密码中的点代表圆形气球，线代表长形气球，然后给某人发送信号，问题在于你无法控制下一个出现的气球是圆形的还是长形的。此外，还有一个更大的麻烦，我们无法决定哪个光子穿越了屏障（大多数光子不会穿越）。所以，信号流传递的希望变得渺茫。

当时，乔教授并未意识到德国科隆的另一个实验室也有了进展，这一进展的灵感来自于一位科学家坐火车时偶然浏览到的一篇科学论文。

德国科隆大学的金特·尼姆茨教授参加完在斯图加特（Stuttgart）

举行的一次会议后，踏上了归程。为了打发时间，他翻阅了一篇关于小尺寸波导管（undersized waveguide）的论文，作者是意大利佛罗伦萨国立电磁波研究所（National Institute for Research into Electromagnetic Waves）的一个团队。（即使科学家，也很少了解枯燥的学术论文。）波导管颇似一个长方形的金属管，它的作用和光纤很像，不过作用对象不是光而是微波。

"小尺寸"的意思是波导管要小于微波的波长，这本身并不罕见。但阿内迪奥·兰法基尼（Anedio Ranfagni）博士和他的同事报道了一种奇怪的现象：当微波穿过波导管时，速度似乎被减慢了。就微波来说，小尺寸波导管是一种屏障，如同我们在隧穿效应中见到的那种屏障。尼姆茨预测微波光子会通过隧穿效应穿越屏障，但这似乎是错误的，因为这不会导致微波速度减慢。

尼姆茨将这篇论文给了他的博士后阿希姆·恩德斯（Achim Enders），他当时也在火车上。恩德斯现在是德国布伦斯韦大学电磁兼容研究所（Institute for Electromagnetic Compatibility at the University of Braunschweig）的教授，他也没弄懂这篇论文的意思。他们决定回实验室后，重复这个实验。

多次实验后，他们发现，要么是意大利人错了，要么是尼姆茨和同事们犯了个大错误。小尺寸波导管的隧穿效应非但没有减慢微波的速度，反而加速了光子的通过。尼姆茨团队不断重复实验，都发现了同样的结果。科隆团队联系了佛罗伦萨的科学家，并说明了他们的结果。事情很快水落石出，是意大利人出了错，隧穿效应确实让光子超过了光速。

现在，尼姆茨和乔都成功地打破了以往被人们认为不可打破的屏障。乔认为，这一结果有趣但没有意义——毕竟，不可能以这种方法发送信号，这种方法只是出现了几个随机光子跳过了屏障。但尼姆茨持不同观点，他在1995年1月雪鸟城的那次会议上重申了自己的观点。

犹他州的滑雪胜地雪鸟城可不是个开会的好地方，雪鸟城位于小棉白杨峡谷（Little Cottonwood Canyon）上方一点，海拔 8 000 多英尺（2 438 米）。这样的海拔高度虽不至于使人们呼吸困难，但空气明显稀薄了不少。稀薄的空气会让一些人感到昏昏欲睡，但这种睡意被尼姆茨的报告一扫而空。

起初，他用投影仪播放幻灯片，在会议代表面前来回踱步，偶尔透过他半月形的眼镜瞥一眼笔记。紧接着，他拿出了一台老旧的随身听，一种便携式的卡带式播放器，相当于现在的苹果 iPod。随身听是他儿子的。尼姆茨首先重复了乔的观点，乔认为不可能通过这种超光速发送信息。然后他说，"我想让你们听点别的东西"。

尼姆茨按下了随身听上的播放按钮。内置扬声器发出了一阵嘶嘶声，接着是莫扎特第四十号交响曲优美的起始音符，很微弱但清晰。尼姆茨让音乐播放了一会，代表们皱起了眉头，互相看了几眼。

"这首莫扎特，"尼姆茨说，"在以超过 4 倍的光速传输。我想你们会认同它形成了一种信号。"他正在播放的是一段有潜力回到过去的音乐。我有一段这首超光速古典音乐的录音，声音很单薄，但我能毫不费力地认出这段音乐或分辨出不同的乐器声音。

最开始做这个实验时，尼姆茨使用了意大利人用的那种小尺寸波导管。接着，他换成了乔的那种屏障，光栅。光栅是一种多层三明治结构，由有机玻璃和空气构成，可作为隧穿的屏障。后来，他还使用了戏剧性的设备，一种理想的演示装置。那是一对巨大的棱镜，利用了艾萨克·牛顿注意到的一种现象，不过牛顿没未作出解释。

让一束狭窄的光线穿过透明物质（比如一块玻璃），光线进入物质时会偏转方向，出来时又会偏转回来。棱镜是一种截面为三角形的材料，它会在光两次穿过其边缘时，将光偏转同样的方向。不同颜色的光会偏转不同的角度，当用白色的可见光照射时会产生出我们熟悉的彩虹光谱。需要注意的是，如果光线能以合适的角度击中棱镜的内壁，而不是穿出到空气中，它会被反射回材料内部，我们将这一过程称为全内反射（total inernal reflection）。

牛顿偶然发现的是，如果将第二块棱镜紧靠在发生全内反射的棱镜表面，并将两块棱镜分开一定距离，一些光会从第二块棱镜中射出，而不是继续全内反射。对牛顿来说，这是一个谜。但今天的我们知道，这些逃跑的光子是隧穿了两块棱镜间隙形成的屏障，从而出现在了第二块棱镜中。

对可见光来说，该实验要求棱镜与间隙都很小，但尼姆茨是用微波做的实验。微波的波长更长，这意味着他能使用巨大的边长达 40 厘米的塑料棱镜，这是一种大到可在教室讲台上演示的装置。

不论使用哪个装置，效果都一样，光束或微波束的速度超过了普通光速。事实上，这只是一种虚假的光效应。一些量子化粒子确实会隧穿，但欲让数十亿个粒子构成的实体实现整体（全粒子）隧穿，你需要等待的时间比宇宙寿命还要长。理论上，的确有发生的可能，但发生的概率极低——我们或许永远不能利用隧穿将一个物体送回过去。为了说明原因，我们必须深入研究一下被传送的信号的本质。

在这个超光速通讯实验中，产生诸多争议的是：当信号被描述为比光速更快时，如何定义检测指标。如果你认为光是一种波，那就能用很多种方式解读光速。假设有一个光脉冲（不是一个光子，而是一种短暂的冲击），你可以认为这是一"块"穿过空间的波，你可以说光的速度就是波的速度，或者是波中某个点的运动速度。通常，它们是一回事情，但并不总是如此——波的形状会扭曲，使其看起来比真实速度更快。

你可以想象，有两个赛跑运动员在比赛中齐头并进，胜者是第一个冲破终点线的人。他们的跑步速度相同，但在比赛快结束时，一名运动员伸出了他的手臂，他的对手未伸出。伸出手臂的运动员率先冲破终点线——尽管两个运动员的速度完全一样，但伸手的运动员会率先完成比赛。光脉冲在穿越屏障发生形变的时候也会产生类似效应，它看起来似乎比实际上更快到达。

尼姆茨通过使用频率范围非常狭窄的光绕开了这个问题。这样就限制了脉冲形变的可能性，也减少了时间混淆的可能性。此后，他们还用单个光子传递信号，这样就没有波"块"产生形变，但也得到了同样的结果。

尼姆茨指出，如果要理解为什么他的实验不允许信息被发送回到过去，大家需要回顾一下信号的定义。信号的核心是一系列的 0 和 1，就像电脑中的比特，这是信息的最基本形式。这样的信号通常是通过一个被称为调频的过程，沿着一束光发送的（无论是通过无线电的形式送达你的车载收音机或电视，还是尼姆茨实验中的微波接收器）。信号传送以"载波"开始，载波是一种平滑、稳定的波。接着，信息被添加到载波上，使频率发生了微小的改变。例如，可以让载波早点开始下一周期的上下起伏运动来代表"1"。

但是，我们只有在载波完成了一次起伏动作后才能辨别被发送的信息是"0"还是"1"——需经历全波长。显然，为了真正在时间中运动，波需要有个提前的完整波长时间，这点目前还无法做到。实验能做到的只是相对波本身的小比例移位。莫扎特的第四十号交响曲在时间中发生了移位——但只移位了一部分波长。更糟糕的是，要产生更大的移位就需要更厚的屏障（屏障越厚，穿过时附加的信号就会越多）。传输一段有意义的数据，则需要很厚的屏障，可惜目前没有光子能成功穿透这么厚的屏障。

当被人问到，这些超光速实验是否能得到有意义的时间移位时，尼姆茨教授高深莫测地说："我永远不会说'不'。"但事实上，目前并无任何实验能将量子化粒子推至足够远，远到能穿透屏障，从而触发奇特的真实时间旅行。

不过，并非所有的量子效应都受到了限制。我们下一个使用量子理论打破时间屏障的方案是，利用一种能瞬时在任何距离上产生联系的效应。它可以不花费任何时间从宇宙的一边联系到另一边。实际上，它是对爱因斯坦理论极限的一次挑战。

8　量子纠缠之网

上帝在周一、周三、周五用波动理论运行电磁学；魔鬼在周二、周四、周六用量子理论运行电磁学。

——威廉·劳伦斯·布拉格（William Lawrence Bragg）（1890—1971），引自丹尼尔·J. 凯夫利斯（Daniel J. Kevles）的《物理学家》（*The Physicists*）（1978）

在谈到时间旅行时，如果有谁的名字是无法回避的，那一定是阿尔伯特·爱因斯坦。如果我们需要设立一个时间旅行的守护神，也一定是他。相对论提供了时间旅行理论的奠基石，在前章与本章中，我们会看到相对论和量子理论（两者都是爱因斯坦的天才成就）如何结合，得到一个真正的时间旅行机制。

本章讨论的量子理论的应用是量子纠缠（quantum entanglement），如同前章介绍的超光速实验，这一应用也不需巨大的超快飞船，不需远超我们现有能力的工程奇迹。这种技术可在今天实验室的实验桌上做到。但爱因斯坦对量子理论的看法与相对论大相径庭——他痛恨量子理论，并认为量子理论是错误的。

我们此前介绍过，德国物理学家马克斯·普朗克观察到光的能量可被看作是小包或者量子的形式，但他并不认为这种形式真实存在。爱因斯坦在 1905 年那篇帮他获得诺贝尔奖的光电效应论文中更进了一步。他认为，这些量子是真实的，不仅是一种有用的数学技巧。但没过多久，这个由他奠基的研究领域很快失控并奔向了一个他不喜欢的方向。

随着玻尔、海森堡和薛定谔这些科学家在这一领域的研究进展，事情渐渐变得明朗起来，量子理论将把令人烦恼的不确定性引入到科学中。根据量子理论，将宇宙看作是牛顿式的、可预测的机械过程已成为历史。在量子化粒子的层面，概率称雄。你可以精确地说，一个量子事件的发生概率是多少（例如，一个放射性原子的衰变），但你永远无法精确预测它会何时发生。

将概率牢牢嵌入量子理论心脏的人正是爱因斯坦的好友马克斯·玻恩，他发现原子何时衰变的问题并不简单。之前介绍过，薛定谔构想出了一个方程描述量子化粒子的类波行为，也提到了这个方程存在巨大的问题。它暗示，一个粒子（如电子）会向所有方向扩展，摊薄变成一种巨大的实体，而不是继续保持点粒子的状态。

玻恩认为这个方程描述的并非粒子的直接物理学本质，而是粒子出现在某个特定位置的概率。量子化粒子不像我们熟悉的在宏观世界中观察到的物体拥有具体的、可预测的位置。量子化粒子的位置是一片模糊的概率云，薛定谔方程描述了在任一特定位置遇到这个粒子的概率。这个理论非常管用。

我们仍然保留着爱因斯坦与玻恩的许多通信，在这些信中，爱因斯坦表达了对朋友的理论的沮丧。他特别反对量子理论预测原子被辐射后电子飞来飞去的随机性：

> 一个暴露在辐射下的电子能自由选择动量甚至还有自己的方向，这样的理论让人难以忍受。在这种情况下，我宁愿当个补鞋匠，甚至是赌场的员工，也不愿当一名物理学家。

那是 1924 年 4 月 29 日，他的"赌场员工"评论尤其生动。爱因斯坦反对的是量子理论核心的概率思想。这就像赌场的荷官还在赌场之外某些概率统治的领域工作，但爱因斯坦知道两者完全不同。如果拥有足够的信息，轮盘赌也是可预测的。虽然轮盘赌中球的轨迹看上去是随机的，但实际上它也遵循物理规律。如果我们能连续两次以完全相同的方式设置球与轮盘的运动，就可以得到同样的结果。

这种理论上的可预测性也同样适用于赌场中的骰子或扑克游戏。当一个电子从原子中脱离，它涉及到的是真正随机的过程。没有信息能让你计算出它何时被发射出来、将飞往何方。你可以计算发生的概率，但你无法预测某个特定电子的行为。

整件事困扰了爱因斯坦，让他大为烦恼。几个月后，1926 年 12 月 4日，他写信给玻恩说出了一些著名的语句：

> 量子力学令人印象深刻。但我的内心告诉我，它并非真正的理论。量子力学确实有很多结论，但并没有让我们更接近"老家伙"的秘密。无论如何，我确信"他"不掷骰子。

这段话常被压缩为"上帝从不掷骰子"。爱因斯坦以迂回的方式强调自己的观点，大自然的行为不可能基于随机性——基于虚拟的掷骰子的结果——而是必须奠基在某种隐秘、确定但尚未被发现的信息上。

比如：一个粒子有一半的机会处于某个特定状态。以爱因斯坦的观点看，这就像是扔硬币——硬币有一半的机会正面朝上，但在我们打开手检查真正的结果前，硬币的位置已被确定，只是你不知道。

而量子理论认为，在测量前，一个粒子同时处于两种状态，是观察行为迫使其选择了其中一种状态。而爱因斯坦相信这种随机性之下隐藏着某种信息，这种信息能在观察时透露粒子的状态。

然而就算真的有隐藏的信息存在，却没人能发现它。

20 世纪 20—30 年代，量子理论的主要倡导者是发现了原子结构的丹麦物理学家尼尔斯·玻尔。多年来，爱因斯坦热衷于给玻尔增加挑战，抛出一些他希望能证明量子理论为错误的思想实验。这一系列挑战最早开始于1927年在布鲁塞尔举办的第50届索尔维会议（Fifth Solvay Congress）。

索尔维会议是比利时企业家欧内斯特·索尔维（Ernest Solvay）创立并资助的一系列会议之一。起初，索尔维只是想借此宣传自己对科学的一些古怪的个人想法。被索尔维邀请的科学家会礼貌地倾听他的想法，之后忽略并讨论他们真正感兴趣的话题。这个仅限邀请才能参与的会议聚集了历史上最为星光闪耀的物理学家群体。

在1927年的会议中，爱因斯坦至少两次在早餐时挑战了玻尔——他确信自己掌握了量子理论的缺陷。玻尔两次都在同日的晚餐时给出了解答，解决了爱因斯坦的疑问。简单总结，玻尔或许为爱因斯坦的挑战而烦恼，但他总能很快地想到解决办法。

3年后，他们又在另一次索尔维会议上重聚于布鲁塞尔。这次，爱因斯坦似乎要成为胜者。他构想出一个实验，似乎能同时精确地检测粒子的能量和测量时间，而海森堡不确定性原理不允许这样的事情发生。不确定性原理规定粒子有一些成对的检测值，比如：位置和动量、时间和能量。你对其中一个知道得越多，对另一个就知道得越少。

这个思想实验确实难住了玻尔。这个场景被描述为，玻尔在爱因斯坦身边激动地踱步，爱因斯坦则带着"讽刺"的笑容平静离开。爱因斯坦感觉自己占了上风。

次日晨，经历了一个不眠之夜后，玻尔回应了爱因斯坦。爱因斯坦在设置自己的虚拟实验时，犯了一个致命（绝对"讽刺"）错误。他忘记了考虑广义相对论。我们知道，广义相对论的影响之一是时间会被引力减慢。加入广义相对论效应后，爱因斯坦的思想实验会得到与不确定性原理完全一致的结果。玻尔和量子理论又一次胜利了。

爱因斯坦是个伟大的挑战者，他给玻尔发出了许多挑战，这些挑战皆源于爱因斯坦对量子理论的概率基础感到不安。甚至18年后，玻尔依然提防着爱因斯坦的挑战。物理学家亚伯拉罕·佩斯（Abraham Pais）回忆了他在 1948 年帮助玻尔记录他与爱因斯坦争辩时的情景。当时，玻尔访问普林斯顿的高等研究所，使用的办公室就在爱因斯坦的边上。（准确地说，他的办公室就是爱因斯坦的，但爱因斯坦更喜欢本属于他助理的更狭窄的房间。）

玻尔说话是有名的漫无边际。他经常说话不利索。他可以在头脑中熟练操纵科学概念，但很难将其翻译为可理解的语言。这位著名的科学家围着房间中央的桌子快步疾走，几乎跑了起来，同时反复自言自语，"爱因斯坦……爱因斯坦……"

过了一会儿，他走到窗户边向外张望，不时重复着说，"爱因斯坦……爱因斯坦……"，似乎这个词是他思维里的标点符号。这时，门被轻柔地打开，爱因斯坦踮着脚溜了进来。他示意佩斯保持安静，脸上带着佩斯后来描述的"顽童般的笑容"。

爱因斯坦被他的医生命令不能买任何烟草。爱因斯坦决定严格遵守这个命令。他不能去烟草店，不过打劫玻尔的烟草不在违令范围，烟草就在玻尔办公桌上的一个罐子里。爱因斯坦悄悄溜进房间时，玻尔正面朝窗户，不时地嘀咕着，"爱因斯坦……爱因斯坦……"

爱因斯坦踮着脚走向了桌子。这时，玻尔大声说了最后一句"爱因斯坦！"，转过身来发现面前站着他长久以来的对手，似乎他念出了一句咒语将爱因斯坦神奇般地召唤了出来。佩斯评论："保守地说，玻尔瞬间语塞了。我早料到这一幕会发生，所以我能平顺地理解玻尔的反应。"

在 1930 年的索尔维会议的 5 年后，爱因斯坦与玻尔再次见面。这次，他可不是只在早餐时随便抛出一个挑战，他写了一篇详细的科学论文向玻尔和量子理论提出挑战。他的论文提出，如果你按照量子理论的推理过程，只会得出荒谬的结果。

爱因斯坦放弃了随意的戏弄行为，似乎反映了欧洲日益黑暗的局势。希特勒的德国让爱因斯坦不情愿地去了美国，他余生都定居在学术家园普林斯顿大学高等研究所。爱因斯坦和两位合作者鲍里斯·波多尔斯基（Boris Podolsky）和内森·罗森（Nathan Rosen）撰写的这篇论文重点研究了一种奇异的量子现象，对时间旅行具有特别的意义。这篇论文发表在1935年5月15日的《物理学评论》（*Physical Review*）杂志上，题为《量子力学对于物理现实的描述是完整的吗?》（*Can Quantum - Mechanical Description of Physical Reality Be Considered Complete*?）。论文后来广为人知的名字是以三位作者姓氏的首字母缩写的EPR。这篇论文很有凯撒大帝的风格，它打算埋葬量子力学，而非褒奖它。爱因斯坦想用荒谬性粉碎量子力学。他收集了足够多的细节——现在，他做好了一切准备。

EPR论文不同于在索尔维会议上爱因斯坦所作的几次尝试，它在逻辑上没有缺陷，在科学上也没有错误。它陈述了一个真正的悖论，它迫使任何接受量子理论的人都必须起身辩护。对于EPR，存在两种解读方式——要么，量子化粒子确如爱因斯坦所怀疑的那样携带了隐藏信息，量子理论是错误的；要么，当量子化粒子处于一种被称为纠缠（entanglement）的特殊状态时，定域性（locality）是一个无意义的概念。

定域性是我们认为必然存在的东西。它的意思是，如果我们要影响远处的事物，就必须将某些东西跨越距离送至该事物的附近。例如：如不选用一些通讯手段传递语言，我们就不能将说出的话穿过房间送至对方的大脑。这一手段或许是声音——以空气压缩的形式将能量从一处传递至另一处的方式，或许是光量子——以信号灯的闪光或是光缆中的激光信号的形式实现传递。更简单地说，我可以扔出某件东西跨越你我之间的距离。不论我选择什么手段，必须有某种东西从我传向你。

现实生活中，很多可以从一处传送到另一处的东西看上去并不明显，例如：磁铁吸引铁片时，或者地球的引力牵引物体时，两者间并无明显联系。我们现在的看法是，相互通讯的粒子（光子和引力子）流从源头向对象的运动跨越了鸿沟。虽然这些相互通讯的粒子受限于光速，但EPR的论文提示，存在某些东西能打碎这一屏障。

EPR表明，当两个粒子处于一种特殊状态时（纠缠），它们要么携带隐藏信息,要么瞬间影响彼此,无论两个粒子之间有多远的距离。在纠缠时,不需等待什么东西携带信息从 A 运动至 B。我们测量其中一个粒子,它会瞬间对任何距离之外的另一个粒子产生影响——定域性不再适用。

至少,从爱因斯坦以及 EPR 的另外两个作者的观点来看,这一发现宣告了量子理论的死刑。很显然,定域性必须适用(特别是瞬时通讯忽略了爱因斯坦狭义相对论的核心推论:没有什么能比光速更快),所以作者们认为 EPR 证明了量子理论的错误。"没有任何合理的现实定义允许这种情况存在",EPR 论文如此写道。

坦率地说,当时的玻尔对 EPR 不屑一顾。论文的表达方式或许有点混乱,误导了玻尔,他初看时认为论文中描述的思想实验是想精确地同时测量位置和动量,海森堡的不确定原理已禁止了这点。其实,论文的核心观点是,不需要同时测量位置和动量,只用一个就够了。

爱因斯坦似乎并非这部分论文的主要负责人,撰写 EPR 时他的英语水平并不高。人们认为,他把这些细节大部分留给了共同作者内森·罗森。爱因斯坦后来在写给薛定谔的一封信中评论,同时处理位置和动量这件事是"ist mir wurst(德国谚语,意为'我才不在乎这呢')"。

后来,玻尔明白了 EPR 的真实表达后,仍对其兴趣寥寥。他对量子理论的概率基础以及量子理论的正确性信心十足。非定域性的想法让他不太高兴。他对 EPR 嗤之以鼻,认为其不过是一种有趣的技术细节,对物理学的未来并无真正意义。此外,他认为 EPR 只是一种思想实验,无法付诸实践。量子纠缠的概念很不错,但人们无需对爱因斯坦的推论忧虑。

随后一段时间,量子纠缠被掩盖并被世人遗忘,好像只是物理学历史上泛起的一个小涟漪。但两个背景迥异的人又将它拿回了聚光灯下,并在实践中揭示了量子纠缠的奇特性质。

第一个人是一位名叫约翰·贝尔(John Bell)的物理学家。生于北爱尔兰的贝尔一头红发,他 20 世纪 60 年代工作于欧洲核子研究组织

（Conseil Européen pour la Recherche Nucléaire，CERN）。这是一个专门研究高能粒子的大型国际研究机构，名义上位于日内瓦，实际上坐落在瑞典和法国的边境。欧洲核子研究组织现在以它成功的电子通讯网络副产品万维网（World Wide Web）以及大型强子对撞机（LHC）知名，但当时却只是个规模较小且不为人知的机构。

贝尔研究粒子物理学，但业余时也会做些量子理论的研究工作，部分原因是出于对爱因斯坦的同情。同时，贝尔也对量子力学的概率基础感到不满，他希望自己能找出量子理论的错误。他后来评论道，"我不敢说它是错误的，但我知道它是糟糕的"。这句话希望表达的意思是，不管量子理论的核心是什么，其描述方式存在问题，对量子现象的解释说不通。

量子理论本身的存在并未惹恼贝尔，而是表达方式的模糊惹恼了他。1964 年，他的介入方式是发明了一个新的思想实验。这个思想实验清楚地表明，只有在量子理论错误的情况下才能获得局域实体性（local reality）——实体性的意思是，测量得到的结果是真值而非模糊的概率分布。贝尔曾评论，"我感觉，在这个例子中，爱因斯坦的智识大大优于玻尔；这个能清楚看到需求的男人与那个蒙昧主义者之间存在巨大的鸿沟。"据物理学家安德鲁·惠特克（Andrew Whitaker）说，贝尔认为，玻尔对 EPR 佯谬的回应，逻辑不清。

事实上，我们还是要辩证地看待贝尔对玻尔的明显蔑视。我不相信哪位科学家会否认玻尔是位伟大的物理学家，约翰·贝尔也不会。玻尔对人类认识物理世界做出了巨大贡献，只是当时的大多数旁观者们不愿接受他坚持模糊策略而选择实用主义。从没人苛责，玻尔不是一位伟大的传播者。

贝尔的思想实验发表在一本鲜为人知的短命杂志《物理学》（*Physics*）上。在实验中，贝尔欲证明——有一种间接的测量方法表明，要么是两个隔开的粒子真能瞬时影响彼此，要么是量子理论存在大漏洞。贝尔设计了一个实验，实验中定域性成立与否会产生不同的结果。

如不成立，量子理论的预测就是正确的，量子纠缠（爱因斯坦称其为"远距离鬼魅行为"）则真的是瞬时通讯的一种机制。

约翰·贝尔提供了一个检验 EPR 的方法，描述了一种必须在量子理论与定域性之间二选一的实验基础。不过，这篇论文对他来说更多的是爱好而非真正的工作。毕竟，贝尔是名理论学家而非实验科学家，他既没机会也没动力在实验室里实现自己的论文。或许是因为这篇论文发表在了鲜为人知的刊物上，没多少人参考贝尔的想法。

美国的一个团队［阿布纳·西莫尼（Abner Shimony）、迈克·霍恩（Mike Horne）、约翰·克劳泽（John Clauser）和理查德·霍尔特（Richard Holt）］从 1969 年开始尝试使用纠缠的光子对做实验以检验贝尔的假说，但未得出准确结论。大多数结果站在了量子理论的一边，也有极少例子提示了它的错误。这些早期实验将当时的技术推至了极限。实验的潜在误差太大，很难保证结果的正确性，所以结论尚不明确。

将贝尔的想法转化为被人们广泛接受的真实实验的另有其人，那就是年轻的法国科学家阿兰·阿斯派克特（Alain Aspect），他的实验结果将成就或毁灭量子理论，并证明量子纠缠是否真提供了一种远距离联系的方式。

阿斯派克特 1947 年生于法国西南部，他在著名的波尔多葡萄酒区附近的一个偏远乡村长大，后来到了巴黎学习物理学。阿斯派克特看上去像一名足球运动员，而非典型的书呆子科学家形象，他体形巨大，留着令人印象深刻的潇洒的长胡子。他没有直接读博士，而是在西非的喀麦隆共和国做了三年援助工作。正是在那里，他开始对量子纠缠以及约翰·贝尔提出的挑战产生了兴趣。

在业余时间里，阿斯派克特熟读了物理学的最新进展，特别是量子物理学方面的新进展。当时，量子物理学已不再时髦。或许，将时髦与物理学联系起来颇显奇怪。人们通常认为，科学是完全客观的领域，与流行和时尚不搭界，科学高高在上。实际情况是，科学和裙摆一样也有时髦的说法，只是科学的时髦通常指正赢得很多学术界人士支持的领域，也指政客们认为能让他们看到投资回报的领域。

20 世纪 70 年代早期，硬科学领域的流行趋势是用越来越高的能量粉碎粒子以探索物质的基本组成；或者是开发宇宙学的新理论以推测宇宙的形成方式。这两个领域在今天也还很时髦。粒子物理学极具吸引力，因为它具有纯粹的新颖性和十足的发展速度。我当时还是大学生，几乎每周，我的一个讲师都会激动地宣布人类又发现了一个新粒子。更妙的是，粒子物理学要建造巨大、闪光的机器，这在电视上看起来很神气。政客们可以看到他们的投资获得了具体的成果。

另一方面，量子理论让人感觉这个领域没有多少东西可做，因为理论预测和实验结果的吻合度精确得让人无聊。量子世界也许仍然显得奇特和新颖，但对于当时的物理学家来说，这已是一个老人的游戏了。不过，阿斯派克特还是被 EPR 论文深深吸引，尽管这篇论文已过去了 30 年。他不仅读了这篇物理学历史上著名论文的原件，还读了约翰·贝尔在实验方面对 EPR 概念做出的生僻扩展工作。因为时间充裕，阿斯派克特得以仔细思考如何将约翰·贝尔检验纠缠的想法付诸实践的细节问题。

有时间慢慢思考，似乎是一种奢侈的学术生活。或许正是非洲这样的贫瘠之地以及缺乏实践工作的环境，使阿斯派克特有时间思考解决量子纠缠这一挑战的办法。他回到巴黎后，决定一劳永逸地解决贝尔的思想实验，他相信自己找到了办法。

阿兰·阿斯派克特回到了巴黎大学的光学研究中心，他和他的团队建造了一个装置，可在一对纠缠的光子飞离彼此时测量它们。这里存在两个可能：要么，测量的值在粒子分离前就已经确定了（隐藏起来，准备被测量）；要么，正如量子理论所认为，这些测量值在测量做出的瞬间才确定。测量时，如果两个粒子已经分开，它们就必须瞬时通讯，以确保第二个粒子的值与第一个粒子的值相对应。

阿斯派克特的实验结果可以表明，一个光子的状态是否对另一个光子有直接作用。但仍有一种顾虑不能排除，两个用以检测这对光子的检测器可能以某种方式"串供"——信息以某种方式从一个检测器传到另一个检测器，使结果变得不那么可信。

阿斯派克特所作的检测依赖于光子检测器的定向（所指向的方向）。他想出来的办法是尽量频繁地改变检测器的位置，这样，其中一个检测器的方向信息就没有时间以某种方式传递给另一个。如果阿斯派克特能成功做到，那么，这个实验就能证明不存在隐藏信息的可能性，这种结果只有在纠缠可以产生瞬间联系的情况下才能产生。

战胜光速是个棘手的工作。阿斯派克特不得不让他的检测器每秒改变 100 万次方向。在当时，使用马达或者其他标准的机械方式是不能在物理上做到的。所以，他利用了水的一种鲜为人知的性质——挤压水可改变其折射率。

你可能还记得高中时学过，折射率是指，当光射入或射出一种物质时被弯曲的程度。而在一个特殊的角度（即"临界角"），光不会进入该物质，而是被反弹开。阿斯派克特让他的纠缠态光子恰好以合适的角度抵达。这样，当水未被挤压时，它们可以射入；当水被挤压时，光子会反弹开来。

实验使用了一种传感器（换能器）给水施加了一个力。这种装置颇像非锥形体的扬声器，每秒可挤压水 2 500 万次，可像铁路切换道岔那样改变入射光子的方向。根据换能器周期导致的水被挤压的不同程度，一个入射光子会向两个方向不同的检测器中的一个运动。除了量子纠缠之外，两粒子间不可能有时间发生任何方式的通讯行为。

实验结果毫无疑义地证明，贝尔的理论给量子理论竖起了大拇指。瞬时通讯确实存在，并无什么隐藏的信息预置了光子的性质。阿斯派克特被人问到，如爱因斯坦还活着，爱因斯坦会对他的实验如何评论。他小心翼翼地回答："我当然回答不了这个问题，但我能确信的是，爱因斯坦一定会说出一些智慧的话语。"

自这次实验之后，很多人都用不同的方式检测过这种量子纠缠现象，并为量子纠缠的瞬时通讯提供了更直接的证据。所有的这些实验都站在了量子理论的一边，并证实量子纠缠忽略了定域性。

就其本身而言，量子纠缠令人着迷。但自它被发现以后，真正的影响来自于它的使用方式——量子纠缠提供了一种可生成不可破解的密码机制；量子纠缠是量子计算机的核心组件，而这种计算机可进行常规计算机需要整个宇宙寿命才能完成的计算；量子纠缠甚至可使模拟小规模的《星际迷航》传送器成为可能，可将一个量子化粒子从一处传送到另一处。

不过，时间旅行者对量子纠缠感兴趣的地方是两个纠缠态粒子之间的瞬时通讯性质。记住，这种瞬时联系违抗了定域性，它的发生不需任何东西从一个粒子传递给另外一个粒子。就在一个粒子被检测的那一瞬，另一个粒子的状态也确定了。试想，你可以利用这种机制将一个信息毫不迟延地传送至任何地方。

光速是目前通讯手段的绝对限制，地球使用的卫星通讯也在它的限制范围内——我们都见过电视记者从遥远城市报道新闻时出现的延时。如果我们将它放在太空深处，情况或许会更加糟糕——如果我们在火星建立一个新基地，信号需经历大约 4 分钟的时间才能传回地球；如果我们成功抵达了距离地球最近的恒星，可能需要等待大约 8 年的时间才能实现一次问答，因为信息跨越存在 4 光年的距离。

瞬时通讯则可克服这个困难，它可以消灭长距离电话令人烦心的间断，使地球直接控制深空无人探测器成为可能。对未来的时间旅行者来说，它的意义更加深远。

确切地讲，我们现在正谈论的是通讯器能给我们带来什么样的影响。显然，瞬时通信并不能将人类送回过去，但它却能提供让信息回到过去的机制。

根据前面的例子，在前往未来的旅行中，我们的宇航员卡拉以 90% 光速航行，在以地球为视角的 20 年的航行中，她仅衰老了 8.71 岁。现在，我们假设她在航程中途掉头的情况——2050 年 1 月离开地球，旅程完成了一半后以地球的视角看是 2060 年 1 月，但以飞船上的时间看是

4.35 年，2054 年 5 月。此时，我们可利用量子纠缠从地球向飞船发送一段信息——信息离开地球的时间是 2060 年，因为它瞬间抵达了飞船，其抵达时间为 2054 年，信息回退了 5.65 年。

此时，卡拉还未开始加速。所以从她的视角看，地球正以 90% 光速离开自己，地球的时钟更慢。在卡拉接收到信息的瞬间，时间已过去了 4.35 年。在她看来，实际发生的事情是，地球以 90% 光速运动了 4.35 年，故而地球的时钟更慢。

从飞船的视角看，飞船上经历的 4.35 年相当于地球的 1.89 年。地球时间将落后 2.46 年。如果此时，卡拉向地球回复一段瞬时信息，信息将在 2051 年 11 月抵达地球，比信息发送的时候要早 8 年。这段信息将在时间里往回旅行 8 年。

这种时间旅行存在一个天然的限制——它能将信息往回发送的最早时间的极限为飞船起飞的时间点。飞船的速度越接近光速，这种瞬时信息就能越靠近原始的出发日期，但永不能超越这一屏障。显然，这种机制并不能让信息回到遥远的过去。例如，你无法利用它将警告发送至 1865 年 4 月 14 日，提示亚伯拉罕·林肯（Abraham Lincoln）躲开刺客约翰·威尔克斯·布斯（John Wilkes Booth）。飞船发射的时刻即这种逆向旅行的最终极限。

我们距离真正的瞬时通讯有多远？制造时间通讯器需要三个条件：创造纠缠态粒子（并保持它们的纠缠态）、将其中一个粒子放在太空飞船上以相当大的速度（接近光速）发射出去、使用量子纠缠的联系作瞬时通讯。下面，我们逐一分析。

经过多年的研究，科学家们已能熟练地创造纠缠态粒子。起初，最受青睐的方法是通过双激光器轰击钙原子以生成一对光子。钙原子中的一个粒子被推向了高能级状态，然后又跌落生成了一对光子。这对光子处于纠缠状态，这是阿兰·阿斯派克特在实验中采用的方法。

最近，很多实验更倾向于使用射束分离器（beam splitter）。射束分离器可让两个现有光子变为纠缠态。此外，科学家还能用它使光子之外的粒子变为纠缠态。例如，制造两片铷原子云，每一片云都与它们发射的一个光子纠缠，将这两个光子以正确方式穿过一个射束分离器，两片原子云就能变为纠缠态。

射束分离器听起来有点像科幻产物，但我们在实际生活中一般都见过。射束分离器最简单的形式即镜子，镜子可以让一些光子穿过，也可以将一些光子反射出去。晚上，你若在一个照明良好的房间里站在窗户前看玻璃，你会看到什么？你自己，此时的窗户变为了一面镜子。如果，窗户只是一面普通的镜子，窗户内的任何图像都传不到窗外。这时如果你站在房子外面，观察同一扇窗户，却能清楚地看到室内亮堂的情景。有相当数量的光（实际上是大部分）穿透了玻璃。你家里的窗户即起着射束分离器的作用。

我们将这种部分反射（partial reflection）看作常识，可一旦你开始仔细思考细节问题，就会发现它非常奇特，奇特到连牛顿都感到苦恼。试想一下，这其中发生了什么——某束光子击中了玻璃表面，其中一些光子被反射回来，一些光子穿透了玻璃。问题在于，哪些光子该反射哪些光子该穿透？这是我们常见的量子理论式疑问——我们知道某件事发生的概率，也知道平均会有多少数量的光子被反射，但到底是什么让一个光子穿透玻璃而让另一个光子反弹回去？我们不得而知。

正是这种不确定性难倒了牛顿。他将光视作一束流向玻璃的"微粒"，可他无法理解，为什么一些微粒击中玻璃后会反弹回来而一些不会。浮在表面上的解释是，玻璃表面不规则。我们先假设这个原因为真。玻璃表面某些地方像镜子而其他更多的区域是透明的。在这种假想中，击中镜子部分的微粒会被弹回来，而击中其他地方的微粒会穿透过去。但牛顿渐渐认识到，这是错误的。

牛顿为他的光学实验制作了大量的透镜，他知道，如用越细的材料打磨透镜玻璃，会让玻璃表面的刮痕变小，变得更透明。一些过细的刮痕并不会影响玻璃的透明度。然而，如果反射现象的原因是玻璃表面的不规则形状所致，那这些玻璃上的凸起和凹陷就必须小到肉眼无法看见，直至其不能产生反射。

以现代量子学的观点看，部分反射并没有明显的原因，就像量子理论中的其他很多现象一样，我们只能接受这一过程的概率性本质。但这只是射束分离器窗户奇特性质的开始，光在穿过一块玻璃时击中的分界面并非一个而是两个。当光从房间里向外射出时，首先要从空气传递至玻璃表面。接着，穿透一块玻璃厚度的距离重新跑到玻璃外的空气中，才能真正逃到窗外的世界。

事实上，光在通过第二个分界面时也会发生反射，使光弹回到玻璃内部。光被反射的总量（两次反射）取决于玻璃的厚度。光在窗户外表面被反射的量取决于玻璃厚度或许人们不会惊讶，但玻璃内表面的反射量也取决于玻璃厚度却令人费解。理论上，如果玻璃的厚度合适，你能将玻璃内部的反射减少至无限接近零。

请仔细思考一下，你从室内将一束光射向房间窗户的内表面。正常情况下，一些光子会反射回来。但如果玻璃的厚度合适，光子在击中窗户的内表面时以某种方式知道了玻璃的厚度，所以继续穿过了玻璃。真是奇特。

一旦你认识了部分反射的离奇过程，射束分离器能产生纠缠态就不令人惊讶了。实际操作很复杂，但这却是一种设置纠缠态粒子对的强大方法。

回到之前的实验，当粒子对的其中一个随火箭发射时，我们必须保持这对粒子的纠缠状态。问题不在于粒子对被分开，而是光子（或其他的量子态粒子）会倾向于与周围物质发生相互作用。维也纳大学（University of Vienna）的安东·蔡林格（Anton Zeilinger）和他的团队成功地让纠缠态光束在空气中传输了几公里，并保持了它们的纠缠状态。

假如，我们通过间接的射束分离法产生了一对纠缠态的离子（带电的物质粒子）。我们可以把这对离子放置在真空屏蔽室内，使用电磁场让其悬浮，以免接触到其他物质或光。原则上，我们可以无限期地保存这对纠缠态粒子。如果担心因时间过久而失去纠缠联系的危险，我们还可使用一种"热土豆"技术，反复让一个新粒子处于纠缠态，来维持这种量子纠缠的联系。

第二个条件不难满足。我们回头看看飞船的问题，我们在第6章介绍过，飞船很难达到那样高的飞行速度。这里，我们不考虑载人问题，所以不用担心宇航员的问题。我们只需要一小段时间的时间移位就能制造出时间悖论。如此，我们不需非得加速100吨的航天飞机，我们的载荷可能只有几个微小的粒子，所以我们能用极小的探测器。考虑到只需要很小的时间差，使用现有的技术完全可以做到。今天，我们拥有足够多的探测器，它们能以相对地球约每小时50 000千米的速度离开地球。

这一速度听起来很快，确实也很快，但光的速度是每秒300 000千米。所以，这些探测器实际上在以约0.005%的光速航行。即使是这样的速度，经过10年的航行后，探测器仍能产生秒级的时间移位。虽然不大，但已经能用了——这还是建立在我们不能制造出更快的下一代探测器的前提下。现实地说，我们应能使用现有技术产生切实可用的时间移位。

最后说说第三条要求：使用量子纠缠的联系作瞬时通讯。直觉上，这似乎没问题——改变一个粒子，这种改变会立即反应在第二个粒子身上。我们不妨将信息变得简单点，最简单的信息不外乎使用二进制语言，即计算机语言。二进制仅由数字0和1组成，所以阿拉伯数字的1、2、3、4、5可二进制表达为1、10、11、100、101。

我们能发送的最简单的信息是1个比特，比特有两个可能值：0或1。如果我们将1比特的信息发送回过去，完全能预测一次扔硬币的结果。或者，我们将在第13章看到，这1比特信息能制造一次时间旅行悖论。为了更好地表示0比特或1比特，我们将引入量子化粒子的一种基本性质：自旋。

自旋的概念基于一种假想理论，即粒子会像地球那样围绕其轴自转。需要指出的是，这并不代表粒子真的发生了这样的自旋。物理学家并不认为自旋真是测量粒子自转方向的指标，它只是为了表示粒子的一种性质而起的一个便利的名字。量子自旋不同于球体的自转，它是用数位表达的。如果你测量粒子的自旋，结果永远是"上"或"下"，除此之外并无他值——它出现"上"的概率介于0—100％之间，但自旋在被测量时，只可能拥有上述的两种结果之一。

听起来，我们可以利用自旋发送比特信息，因为这一概念具有二进制的数位化性质。我们在给定的时间点测量地球上的那个粒子的自旋，假设它是自旋向上，在这一瞬间，探测器的那个粒子"同时"进入了自旋向下的状态。由于相对论的原因，从地球上看，这种同时性事件发生在稍微早一点的过去——于是，我们实现了往过去发送信息。如果我们设定自旋向上代表0，而自旋向下代表1，这里等同于我们向飞船发送了一个"1"的信息。

不幸的是，这里有个大问题。测量一个粒子的自旋和打开一个开关完全不同（我们在打开开关之前，明确知道之前的状态是开或是关）。在测量前，自旋并无观测值，粒子的自旋状态将同时处于上和下。一旦我们做出了测量动作，自旋就以已知的概率（比如50％的机会）变为向下状态。在被测量之后，它的确是自旋向下，而这个信息也会瞬间传递给另一个粒子。问题是，我们没有办法对这一结果进行控制。

地球这边的粒子的状态最后变为了一种概率性事件，这种概率性曾让爱因斯坦沮丧。这意味着它是随机的，所以我们成功发送的只是一段随机的比特信息。

这令人感到绝望。利用量子纠缠的这种瞬时联系显然是可能发送信息的，但量子效应的随机性成了我们的拦路虎。不过，科学家们没有放弃努力，我们何不利用粒子本身的纠缠性质（纠缠态与非纠缠态），将其作为信息的比特？

当我们测量地球上的那个粒子时，它的纠缠态即被打破。这也是量子纠缠可用于保密技术的原因。任何人在传送过程中截获了加密密钥，量子纠缠联系将被立即打断，密钥永不会再使用。（在这里，结果的随机性似乎变为了优点。）我们何不让一个仍处于纠缠态的粒子代表 0，而我们测量时被打破纠缠态的粒子代表 1 呢？

为了利用这一点，我们必须确定探测器上的那个粒子仍处于纠缠状态。好消息是，这是能实现的，否则我们无法利用量子纠缠保证加密密钥的安全。为了确定探测器上的那个粒子仍处于纠缠态，我们需要从地球上用传统的通讯方式往探测器发送某些信息。事实上，这一信息的发射速度无法超越光速，这一信息抵达探测器时，时间已经很晚了，回到过去的时间移位已经消失。我们能确定探测器上的粒子是否仍处于纠缠态，但不能瞬间做到。失去了这种瞬时传送能力，我们没有办法将信息发送回过去。如此，我们的想法还是难以实现。

量子纠缠确实能瞬间跨越任何距离。更准确地说，处于纠缠态中粒子间不存在距离，它们就像是同一事物的不同部分。假设你有一根很长的完全刚性的木杆。你推一下木杆的一端，另一端会立即、同时移动。你的"信号"（推动木杆的动作）瞬间从一处地方传送到了另一处地方。在这一过程中，并无任何东西的速度超过了光速。

这个木杆的例子只是一种理想实验，因为任何现实中的物体都不是完全刚性的。当你推动木杆的一端时，会发生微小的压缩，这种压缩会以小于光速的速度传递至木杆的另一端。但这个例子能帮我们理解纠缠态粒子的作用方式——它们是自身扩展了的非定域版本（一个整体）而非两个不同的物体，从而使信息能以超光速的方式从一个粒子传递到另一个粒子。

这样看来，量子纠缠并非我们需要寻找的答案。我们不应马上放弃希望。前面介绍过，人们已用量子纠缠来建造物质传输器，利用的是一种被称为量子传送的现象。

这听起来似乎不可能，但物理学家已成功地在单个粒子的水平上复制了《星际迷航》传送器的作用方式。那么，这种方法可以打破光速屏障并传送信息（或人类）穿越时间吗？请听一下从一本关于时间旅行技术的书里摘录的令人振奋的话语："比如，将你从地球传送到火星，你能瞬间抵达。光需要花几分钟时间才能跨越空间追上你……在这种情况下，你就回到了过去，回退时间等于光速航行这段距离所需耗用的时间。"

就算我们不把这个特别的例子当回事，如果我们能使用量子传送将一个人瞬间送到远方的空间探测器上，他就能回到过去。

实际上，传送人还面临着一些问题。首先是伦理问题。量子传送需要在量子水平上将远处的粒子修改为与原来的粒子一模一样。在这一过程中，原来的粒子将失去身份。如果我们能在人身上做类似的修改，我们需要制造出一个精确的副本，精确到单个量子化粒子的水平。同时，我们还需要毁灭原来的那个人。

这可不是一种理想的旅行方式。诚然，我们的身体一直在更新换代。在过去的 10 年，你身体的每个原子或许都被替换了——甚至包括构成骨头的那些原子。可现在的情况完全不同，无法否认的事实是：当你的复制品在远方被构建成功后，你目前正在体验的"你"会被物质传送器撕成碎片。这一幕，真是难以想象。

其次是规模问题。量子传送目前只能涉及单个粒子，它尚不能处理任何具体的物质对象。我们可以看看，要在人体上实施传送会牵涉到多大的原子数量。一般而言，人体大约有 10^{28} 个原子。为了实现传送，你需要扫描其中的每个原子。

如果，你以每秒 100 万个原子的速率扫描它们，完成一个人的全部原子的完整扫描需要耗费 100 000 兆年的时间。对于一种需要瞬时传送的技术来说，这可不是什么好消息。也许，我们将来能开发出一种全息扫描设备以节省原子扫描的时间，但目前尚不能做到。

考虑以上因素，我们退后一步，先实现少数粒子的传送。既然我们无法控制一个纠缠态粒子的性质实现信息的发送，不妨尝试利用一群粒子的性质——在传送前，以一种可构建出信息的方式设置它们。

原则上，我们能将这几个粒子的所有性质传送到一个已航行了很远距离的高速探测器上（探测器上已产生了一定的时间延后）。我们似乎达到了目标，但仍会不可避免地遇到麻烦。

我们的量子传送时间机器依赖于我曾引用过的一句关键的话语，"你将瞬间抵达目的地"。要实现这句话可不简单，我们曾介绍过，量子化粒子间的纠缠联系的确能瞬间跨越任何距离，但这里的量子传送涉及到的可不只是一对纠缠态。

我们需要首先构建一对纠缠态的粒子，将其中一个粒子（A'）放在探测器上发射出去，另一个粒子（A）留在地球上。一段时间过去后，我们准备好了实施接下来的传送。此时，我们拿出地球上等待传送的那个粒子（B）——这是第三个粒子，并非原来的纠缠粒子对中留在地球上的那个（A）。我们用纠缠态粒子对中留在地球上的那个粒子（A）与目标粒子（B，第三个粒子）发生相互作用。借此，我们能读取这一相互作用过程中的信息（读数信息）。

在实施这一相互作用时，我们已瞬间影响了探测器上的那个粒子（A'）。但现在我们还未实现量子传送，还差最后一步——我们必须将那段读数信息发送给探测器。当这段读数信息抵达探测器时，我们还要对纠缠态粒子对的远方成员（A'）采取操作，操作的核心指令取决于读数信息。最终，我们的远方粒子（A'）在绝对的量子水平上变为了目标粒子（B）。

注意这里发生了什么。地球上那段读数信息必须被传递到远方的那个粒子（A'），才能让其转化为原来粒子的复制品（B）。只有在这段信息被接收后，远方的粒子才能被修改，我们才能完成传送。理论上，我们能将那段信息发送给探测器的最快速度是光速。

这里涉及一个问题——量子传送并不能瞬时发生，即便其中的一个步骤（量子纠缠）能实现瞬时传送，整体上却无法做到。那些暗示它能瞬间发生的说法似乎更多地来自于《星际迷航》而非物理学。事实是——量子纠缠本身并不能发送信息，尽管量子传送可发送信息，但它的速度无法超越光速。

看来，无论你如何绞尽脑汁，量子纠缠都非时间旅行的答案。但量子纠缠并非量子理论这种 20 世纪的新物理学中唯一的奇特概念。还存在一些其他的诱人的可能性——尽管这些诱人的可能性尚停留在理论上，甚至比量子纠缠还不确定，但仍有希望让我们超越时间的限制。

9 时间的魅影

没有什么能比时间和空间更让我迷惑；也没什么更让我不迷惑，因为我从不思考除它们之外的东西。

——查尔斯·兰姆（Charles Lamb）（1775—1834），《查尔斯·兰姆和玛丽·兰姆书信集》（*The Letters of Charles and Mary Lamb*）（1976）

从人类的经验看，时间似乎总是朝一个方向流动，这种经验呼应了时间的热动力学之箭。但我们体验到的时间的流动并非大部分物理学规律的绝对要求。正是这点激发了爱因斯坦的灵感，让他产生了相对论的思想。爱因斯坦在构想狭义相对论时，依靠的是一系列描述了电磁相互作用的方程。与那些认为光速会根据你与它的相对运动而改变的直觉式想法相比，他更相信方程。这些方程是苏格兰科学家詹姆斯·克拉克·麦克斯韦的成果。

麦克斯韦和爱因斯坦并非同时代的人——巧合的是，爱因斯坦刚好出生于麦克斯韦去世的那年，1879 年。他们并非第一对逝世与诞生出现在同年的伟大科学家。牛顿出生于伽利略去世的那年，1642 年。与麦克斯韦和爱因斯坦相比，他们还存在点小瑕疵（不能说绝对同年）——据当时的日历，牛顿出生于 1642 年圣诞节，切换为公历后的生日是 1643

年1月4日。麦克斯韦和爱因斯坦可没这个问题，不过，这也显示了时间有多么狡猾。

詹姆斯·克拉克·麦克斯韦于1831年生于苏格兰爱丁堡。他在父母的格伦莱尔（Glenlair）庄园长大，他最初的教育经历并不令人满意。母亲去世那年，他才8岁，年幼的詹姆斯被送到了爱丁堡的学校。他看上去年龄偏小，说话有点结巴，还夹带着浓重的乡村口音。尽管被人欺负了好几年，还被起了一个"笨蛋"（Dafty）的绰号，他仍获得了学业上的成功——16岁就上了爱丁堡大学，19岁进入了英格兰的剑桥大学。

麦克斯韦在爱丁堡的前任教授给他在剑桥大学的导师的推荐信中如此写道，"他的举止并不粗野，但他是我见过的最有原创性的年轻人"。就原创性这点而言，麦克斯韦的科学成就将证明教授的眼光。麦克斯韦和迈克尔·法拉第（Michael Faraday）两人的工作对现代物理学的影响比19世纪其他任何科学家都要大。

麦克斯韦的研究兴趣之一是光，偶像法拉第对光的一些观察激发了他的兴趣。大多数物理学家对光的研究仅限于光学，只是观察光的作用方式。但以电磁学专长闻名的法拉第，推测了光真正的本质。

虽然仅是推测，但法拉第提出了重要观点——光是一种振动的波，就像声音一样，但光不会像声波那样前后振动而是横向振动。他还感觉，光与磁、电存在某种关系。

当麦克斯韦开始思考同一问题时，他假设光通过"以太"传播——一种不可见的介质，当时被认为可以介导波，而不是一种液体的力学模型——并且，光还被不同的力影响。或许是受了法拉第的启发，麦克斯韦试图将电波和磁波纳入进来考虑。他发现电波和磁波以一种特别的方式彼此支持，完美地彼此配合。但这种机制只能在一种特别的速度下才能成立，麦克斯韦经过计算发现这种速度就是光速。他说：

> 这一速度如此接近光速，似乎我们有很充分的理由相信，光本身（包括辐射热和其他的辐射）就是一种电磁扰动，它以波的形式

遵循电磁定律在电磁场里传播。

最后，麦克斯韦将他对光的数学分析编进了 8 个方程，这 8 个方程后来被奥利弗·亥维赛（Oliver Heaviside）和海因里希·赫兹（Heinrich Hertz）简化为了 4 个简单而朴素的数学公式。这些方程描述了光如何自发维持了自己的运动。在光速下，磁场正好产生了适量的电场，电场又产生了适量的磁场。光无法停止，也无法减慢（在同一种特定介质中），如果要保持自身存在，光就必须以同样的、恒定的速度运动。

麦克斯韦并未发现，他似乎在这里产生了盲点，他的理论其实已去除了对以太的需求。电磁组合而成的波能穿越真空是因为它并非某种物质材料中的波，材料中的原子以特定的方式波动。电磁波优雅得多，无需任何物质作为介质就能传播。

通常，我会尽量避免将公式放进我的书里。但这里，我想破例，因为麦克斯韦方程组（亥维赛和赫兹的推导形式）是如此的精练和简洁。如果你要描述电和磁的行为，这便是你需要的一切，麦克斯韦从中推导出了光的本质：

$$\nabla \times E = -\frac{\delta}{\delta t}B$$

$$\nabla \times H = -\frac{\delta}{\delta t}D + J$$

$$\nabla \cdot D = \rho$$

$$\nabla \cdot B = 0$$

这种方程组的表述方式确实有点取巧。因为这些方程不止一个维度，它计算的是一系列矩阵数字，而非单个值。所以那个被叫做"德尔塔"（del）的倒三角形符号要同时牵涉到空间三个维度的变化。事实上，你即便不能理解方程组背后的数学，也能明显感到麦克斯韦方程组的优雅与简洁。

第一个方程展示了变化的磁场如何产生电。第二个方程展示了电如何产生磁。第三个方程展示了电场与电荷联系的方式。最后一个方程告诉我们，不存在单个磁极（磁单极子），磁极总是成双成对。

这些方程基于麦克斯韦的研究对光进行了数学描述，它的奇特处在于这些方程有不止一种解，这点通常被人们忽略。你或许还记得上学时解过的一元二次方程，每个方程都有两个可能的解。与此相似，麦克斯韦的方程组预测光应有两种运行模式，分别叫做"迟滞波"（retarded waves）和"提前波"（advanced waves）。迟滞波是我们现在观察到的光，但提前波在时间里逆向传播（仍以光速），遵循于时间线上的相反方向。

如果利用提前波往远处的信标发送一个讯息在某种方式上是可能的。那么，发送另一个提前波回到源头，信息就能在发送之前返回。

人们从未观察到提前波，长久以来，它被认为仅是数学上的特例，这个解并无对应的物理现象，所以麦克斯韦方程组只有一个"迟滞波"的解。但还是有些人认为，提前波真实存在，只是尚未被我们观察到。且不论其他原因，至少，在数学上抛弃提前波这个解缺乏科学理由。

虚粒子（virtual particle）的概念与提前波类似。电子和原子核之间的电磁相互作用会涉及到在电子与带正电的原子核之间相互流动的光子。我们从未见过这些光子，它们永不会逸出到真实世界，所以我们称其为虚粒子。不过，我们可以通过干扰它们周围的环境来证明虚粒子的存在，把它们"暴露"给真实世界。一些人声称，提前波的存在性与虚粒子相似，或许对宇宙的运行还很重要。受限于时间有方向的原因，我们无法观察到。

20世纪，两位伟大的美国物理学家约翰·惠勒（John Wheeler）和理查德·费曼（Richard Feynman）提出了一种情况，在这种情况下提前波的确能产生可见效应。当原子发射出一个光子时，原子会发生反冲，就像步枪射击时的反冲作用。这一过程可用牛顿力学作常规解释——离开的光子对原子产生了反作用。但这一解释存在一个问题，它涉及到了自作用。

为了产生反冲作用，原子的电磁场必须作用于自身。无论何时，这种自作用预测出的结果都趋向于无穷大，其间存在某种反馈循环使整个过程失控。然而，现实是原子一直发射光子，从未出现过上述问题。尽管人们已提出了很多机制绕开这种自作用或者使其可被接受，惠勒和费曼还是提出了一个更优雅（不是胡编乱造）和更激进的解决方案。

在描述光与物质相互作用的量子电动力学中，通常会涉及到三个角色：一个产生光子的物质粒子，一个光子以及吸收该光子的第二个物质粒子。光子的创造事件和吸收事件可能被隔开了数十亿年——早期宇宙的光子最终作为宇宙微波背景辐射被人们检测到。后者也常被我们称为大爆炸的"回音"，它们都是光子生平的一部分。

这一理论后来被称为"辐射的吸收体理论"（absorber theory of radiation），惠勒和费曼提出这一过程涉及到的光子不是一个而是两个。其中一个是在正常时间里从第一个原子运动到第二个原子的正常光子——这个光子对应了迟滞波。另一个光子从目标原子（"吸收体"）出发在时间里逆向运动并在迟滞光子发出的同一时刻抵达起始原子。这个光子对应了提前波，它会击中源原子，产生反冲作用。这种方式并不涉及自作用，因为是另外一个光子导致了原子的反冲运动。

惠勒和费曼构想的这两个光子分别具有一半能量（或者用波的术语，分别具有一半振幅）。它们以同一速度做相反方向运动（一个在时间里向前，一个在时间里向后），那么，它们在任意时刻皆处于同一位置。虽然这个理论很少被人考虑，但它并非荒谬的理论。它不仅去除了自作用的问题，还让麦克斯韦方程组的所有解都派上了用场。

惠勒和费曼的理论也许初看起来充满了太多幻想。它要求离开原子的光子与目标原子以某种幽灵般的形式发生某种命中注定的相互作用。但与前章描述的射束分离器一比，似乎变得可以理解。回忆一下，光子从窗户玻璃内部弹开的概率为玻璃厚度所影响，玻璃的另一边会影响玻璃内表面所发生的事情。与此相似，我们可以构想光束的"另一边"

（吸收光子的那个原子）会在光子被发射的那一刻对光子产生影响。

吸收体理论的有趣之处在于，它要求被发射的光子拥有一个靶子。对新生成的光子来说，它一定要有明确的目的地。而在传统物理学中，光子原则上可以射向无尽的真空，永不与任何一丁点物质发生相互作用。这两种情况的差异足以产生出一种跨时间通讯的形式——前提是吸收体理论是正确的。

假设天空有一块特殊的区域，那里的吸收体数量低于平均值（吸收体指可接收光子的物质）。你携带一个良好的光子吸收体，往那个区域的方向运动一定距离。此时，地球向这个方向发射光子。初期，地球上的发射器还不能向这个方向发射光子达到高功率，因为它只有在光子能被吸收的前提下才能发射，而这一区域缺少吸收体。但当你在这个远程工作站（指上述那块特殊区域）将那个良好的吸收体放进光束时，地球上的发射器的输出功率将达到峰值。

当远程工作站将吸收体从光束中放进或放出时，监控地球上的发射器的输出功率，你能记录到远程工作站的一种信号形式。这颇似一个安装了灯与光闸的信号灯，唯一的区别是光在时间里向后运动，会在吸收体被拿开之前抵达发射器。

现在我们需要增加一些复杂度。我们要求信号被地球接收的时间要早于其从远程工作站发出的时间。为了有效地往过去发送信息，这一信息必须是发自地球并回到地球。所以，我们还需要第二对发射器/吸收体，吸收体在地球上，发射器在天上。这样，地球发出的信息将在地球的过去被远程工作站接收，远程工作站发出的信息将在接收时间点的过去回到地球。

在这个思想实验中，即便这一过程往过去推进了两次，仍无法让我们将信息发送回时间机器建造之前。

还有一个问题，地球本身就是个良好的光吸收体，它或许永远不能与远程工作站那个发射器产生足够的对比。为了让其正常工作，可能需要在相对靠近地球的低吸收率方向增加设置一个接收工作站，这个工作站届时以常规信号（迟滞波）的形式将已往传送了一程的信息传回地球。这也许会丢失一些时间移位，但不会让整个过程做无用功。

当然，使用提前波的整个想法存在一个大问题：它仅是一种理论。没有实验证据能证明这些逆转时间的波存在。人们试过寻找它们，却无功而返，但这并不意味着它们不存在。任何实验都可能存在缺陷，完全有可能发往太空的光束被完全吸收了，所以产生不了功率输出的波动。我们还没有可行的方法将远处的一个吸收体放进并拿出光束。所以，目前没有证据能证明这种有趣的理论能变为现实。不过这并不意味着它永不能变为现实，或者否定它不是一种有趣的概念。

初听起来，提前波像伟大的费曼对人类理解量子世界做出的又一个贡献。费曼和瑞士科学家厄恩斯特·斯蒂克尔堡（Ernst CarlGerlach Stückelberg）同时但独立地解决了"狄拉克海"（Dirac sea）的问题，这个问题暗示在时间里逆向运动的粒子是存在的。

人们经常提及，英国物理学家保罗·狄拉克预测了反物质的存在，他还在反电子或正电子被发现之前就从理论中明确推导出了它的存在性。这是真的。但人们不常提及的是，他的预测只是基于一种宇宙理论，许多人认为这种理论太不靠谱，所以早早出局。

薛定谔的波动方程预测了量子化粒子的行为，他的理论假设这些粒子都是经典粒子，未受相对论的影响。而狄拉克的成就则是将这一方程转化为可处理以相对论速度运动的粒子。这一突破需要付出的代价是，电子应以两种状态存在——要么是正能量；要么是负能量。如果真是这样，负能量状态的电子会更加稳定，而现有的每个电子就应释放出一阵光，然后消失进入这种奇特的负能量状态。显然，这件事并未发生。

为了解决这个问题，狄拉克使用了电子类粒子（属于费米子的一员）的一种性质，这种性质被称为泡利不相容原理。原理规定两个费米子既不能相互靠近，也不能处于同一状态。狄拉克假设有一种由负能量电子组成的无限海（在正常世界检测不到）充满了所有的真空。因为这种负能量电子已经存在，所以正常的正能量电子无法跌入负能量状态。

泡利不相容原理让它们隔开了整个负能量海。

但是，狄拉克的模型预测，偶尔，一个负能量电子会吸收一份能量而突然进入正能量状态。这会在负能量海里留下一个"空穴"。这个空穴表现得就像是一个正能量的粒子，它的电荷与正常粒子相反——一个反电子。如果一个正常、正能量的电子掉下来填充了这个空穴，结果就会湮灭，与正常电子遇到正电子时发生的情况一样。

这个模型至少对费米子是有效的。事实上，还有一种叫玻色子的粒子（例如质子）也有对应的反粒子，但并不适应于这个模型。因为泡利不相容原理不适用于玻色子。许多物理学家不太喜欢（现在也是）负能量电子无限海的理论，他们认为这个理论缺乏成功科学理论的优雅感。费曼的理论正是基于此处介入。

费曼在量子物理学上的诸多成功来自于他采取了一种非常图形化的方法。他后来发明了著名的描述光与物质相互作用的费曼图，对我们理解这种重要行为产生了革命性的影响。为了对付电子，费曼想出了一种不同的图形——将电子及其对应的负能量电子描绘为两条方向相反的平行线。

原则上，狄拉克方程并未禁止负能量电子在时间里逆向运动。费曼假设，在时间里正向运动的电子无法切换轨道成为逆向运动的负能量电子。在此模型中，电子不会全都瞬间湮灭，因为它们无法跨越到时间逆转中。它们不能掉入负能量状态。

这一模型的聪明之处在于，想分辨一个在时间里逆向运动的负能量电子和一个在时间里正向运动的正能量正电子绝无可能。所以根据费曼的理论，正电子的存在是因为，以我们现有时间方向视角审视，它是在时间里逆向运动的负能量电子。

这一理论比狄拉克最初的电子海理论好很多，因为它同时适用于玻色子和费米子。如果这个理论是正确的，并非只是种便利的数学描述，则意味着我们检测到的正电子实际上是一个在时间里逆向运动的粒子。但对于时间机器建造者来说非常不幸，我们没法驯服它。这种粒子或许真是往过去运动的负能量电子，但我们只能观测到随时间之矢运动的正能量正电子，也只能与它发生相互作用。我们没有办法利用负能量电子。

如果我们无法使用费曼的时间逆转负能量电子，还有一种跨时间通讯的可能性。这种方法背后的科学就像可能的提前波那样，从未被人们观察到过。它也许永不会被找到，也许明天就能被发现（可能代表着概率）。这种理论形成的时间甚至早于提前波。实际上，它比相对论的概念还早很多——快子（tachyon）理论。

快子是一种比光还快的粒子，所以它能实现时间逆转。这个想法首先由德国科学家阿诺德·索末菲（Arnold Sommerfeld）在 1904 年提出，应对的是麦克斯韦方程组的对称性。普通粒子在得到额外的能量时可以被加速，但永远不会达到光速。与之对应，快子在得到能量时减速，但无法减至光速以下。

快子理论最麻烦的地方在于，相对论方程所描述的速度可以影响质量。这里特指"静质量"（rest mass），静质量即粒子静止时的质量，忽略动能会产生的任何质量。光子的静质量为 0，不过这一概念并无实际意义，因为光子无法静止。

一旦粒子的速度超过光速，相对论方程（包括质量方面的方程）就会产生一些虚拟（imaginary）的结果。这种虚拟并非"虚拟朋友"的意思，而是数学意义上的虚拟。比如虚数，虚数是负数的平方根，这是一种令人费解的概念。

你当然知道平方根是什么：一个数与自己相乘得到一个值，这个数就是这个值的平方根。故而，4 的平方根是 2，因为 2 乘以 2 等于 4。那么，-4 的平方根是什么？什么数的平方能得到 -4？答案绝非 -2，因为 -2 的平方还是 4，-2 是 4 的平方根之一。两个正数相乘得到正数，两个负数相乘仍然得到正数。为了计算负数的平方根，我们需要一些完全不同的东西——本质上是一种想象的概念，虚数。

为了便于表示，我们将 -1 的平方根称为 i，所以我们可以将 -4 的平方根记作2i。为了处理虚数，数学家们开发了很多数学方法。这些方法可便利地处理许多现实世界的计算，前提是虚数能在最终结果得出之前消失——使用虚数计算出实数结果没任何问题，只要计算结果中不会有虚数值的出现。

虚数常被用来处理与正常实数垂直的维度。试想一下数轴，0位于数轴中央，右边是正数方向，左边是负数方向，而虚数轴与实数轴垂直，上方为正虚数方向，下方为负虚数方向。不在轴上的数字就是复数，复数分为实数部分和虚数部分。例如：3－2i指实数轴的3和虚数轴的－2。

通常，科学及工程学中使用虚数都是为了便于处理涉及到两个维度的情况。没人认为真的存在某个具体的实体对应了虚数值。如果快子真实存在，它的静质量应为虚数（尽管在物理层面上它们无法静止，因为它们必须以大于光速的速度运动）。

快子与正常的物质粒子相比具有一种令人愉快的对称性。当我们加速常规粒子时，必须为其注入能量。随着它的速度越来越快直至接近光速，它的质量也会越来越大，我们则需要越来越多的能量为其加速。按此推论，我们需要无限的能量才能让它达到光速。与此相似，快子需要越来越多的能量使其减速，我们或许需要无限的能量才能让其降低至光速。

如果快子真的存在，很可能它们不是带电粒子。因为，比光速更快的运动会涉及到一些令人惊讶的奇特现象。我们常听说，没有任何有质量的物体能比光速更快。注意，这里我们说的光速为光的终极速度，即光在真空中的速度，每秒300 000千米。事实上，光并非一直保持这样的速度，有时它的速度会被减慢。在光进入水里或玻璃时，你能看到这种光速减慢现象的发生。

我们经常把铅笔放进一杯水里逗乐小孩。水里的铅笔看起来像折断了一样，折的方向偏向于水面。一般而言，当光从空气传播到密度更高的物质（例如，水或玻璃）时，它的传播方向会发生弯曲，向玻璃边缘垂直的法线靠近，我们将这一过程称为折射。这就是透镜能将光聚焦的原因（透镜的曲率使不同光束弯曲的程度不一）。这也是棱镜能产生彩虹的原因，因为不同颜色的光弯曲的程度不同。

光的这种弯曲方式一开始显得很奇怪。为什么它会突然在两种介质的分界面上改变方向？法国数学家皮耶·德·费马（Pierre de Fermat）在 17 世纪作过解释。今天，与费马相关的最有名的地方是他抛出了"费马大定理"（Fermat's last theorem）。费马在一本书的空白处写下了笔记，宣称自己做出了数学证明。这一笔记写着，"我发现了一种美妙的证法，可惜这里空白的地方太少，写不下"。这个定理直到 1993 年才被证明，用到的数学工具远比费曼当时所拥有的工具复杂。

为了解释折射现象，费马做了两个假设。一个假设是光速是有限的〔这是在奥勒·罗伊默（Ole Roemer）测定真正的光速之前提出的〕；另一个假设是光在密度高的物质内（如玻璃）比在空气中传播的速度慢。在这两个假设的前提下，费马应用了后来所谓的"海滩救生员"（Baywatch）原则。

一般而言，从 A 到 B 最快的方式是直线。但这要假设所有条件在一路上均保持不变的情况下才成立。你可以想象，一个救生员看到海上有人溺水。他可以选择两条路径：其一，沿直线向溺水者游去；其二，穿过沙滩跑一段更远的陆上距离，但在水里游泳的距离会缩短。因为他在沙滩上的速度比水里的速度快，所以选择第二条路径能更快抵达溺水者。尽管总距离增加了，但维持高速的距离更长而低速的距离更短，综合时间更短了。这种方式显然更快。

相似的是，如果光想要尽可能快地抵达目的地，也并非需要永远走直线。当光从空气传递至玻璃中时，这种弯曲的路径会减少所用的时间。这一路径被称作能量最低或最少时间原则，这似乎是自然的一种基本特征。如果你观察棒球被扔出时的运动方式，你会发现棒球一般会选择一条动能与势能平衡最小化的路径。与此相似，当光从一种物质传播到另一种物质时，它的折射方式能使传播时间降低至最小。

这种可见的效应反映在玻璃中的光速会减少到大约每秒 200 000 千米。1998 年，哈佛大学罗兰科学研究所（Rowland Institute for Science）的丹麦科学家莱娜·韦斯特加德·豪（Lene Vestergaad Hau）领导的一个团队将光速减少到了约每秒 17 米。你开着小汽车也能比光速跑得快。在进一步的实验中，该团队将光速减慢到了低于每秒 1 米，大约与步行速度相当，他们甚至将光困在了装置内相当长的一段时间。

他们使用的是一种被称作玻色－爱因斯坦凝聚态（Bose-Einstein condensate）的特殊物质（物质与光的纠缠体）。这一实验将两束激光穿过一个含有超冷钠原子的容器。正常情况下，这种凝聚态是不透明的，但第一束激光在凝聚态中轰出了一种梯子，第二束激光可以沿着这个梯子前进，从而大大减慢光的速度。在此过程中，第二束光的光子（"信号"）与凝聚态中的原子发生了纠缠。当一束长脉冲的光射入这一凝聚态物质中时，脉冲的前部被纠缠减速，后部仍在全速前进。结果是光脉冲被极大地压缩。

产生这种效应并不容易。为了进入豪的实验室，你必须脱掉鞋子，并全面检查身上的灰尘，以免污染了空气影响了精确的光学系统。在实验台周围甚至布有一层塑料窗帘，作用是防止参观者的干扰。据豪说，增设窗帘是因为一个访问实验室的德国电视团队，他们偷偷在实验台附近设置了一台"烟雾生成器"。这些可耻的记者打算让实验用到的激光变得可见，以增加视觉效果，因为原本的设备看上去很暗淡。

事实上，你无需做到豪的实验的程度就能让光低于真空中的速度。我们前面说过，一杯水就能做到。爱因斯坦将物质的速度限制在了每秒 300 000 千米，但这是光在真空中的速度。光在穿过比真空更致密的物质时速度会降低，但粒子（如电子）不会，这意味着粒子在穿越这种介质时的速度很可能会超过光速。前面介绍过，当粒子穿过玻璃时，它必须达到全速光的三分之二的速度才能穿过障碍。

如果一个粒子真的超过了介质中的光速，且它还是一种带电粒子，就会释放电磁辐射，这一过程被称为切伦科夫辐射（Cerenkov radiation）。这就是某些类型的核反应堆在高能电子快速穿越核燃料元素周围的液体时，会释放出诡异蓝光的原因——这些电子在液体中的运动速度大于光在液体中的速度。

对普通粒子来说，切伦科夫辐射释放能量（失去能量）意味着减速。但对快子来说，释放能量意味着加速。任何一个带电的快子都会越来越快。随着切伦科夫辐射释放出所有的能量，快子将进入一种奇怪的状态，理论上它的运动速度将达到无限，表现为同时出现在路径上的每一点。鉴于此，我们认为快子最好不带电。

一个好的类比是中微子。中微子是我们每天都会遇到的普通粒子。人们早在1930年就预测了中微子可能存在，因为放射性衰变似乎缺少了点什么（衰变前后的能量不一致），这提示衰变释放了一种未被检测到的粒子。直到1956年，中微子才被检测到。

我们不太确定中微子是否具有质量——粒子的标准模型假设它没有，尽管一些人怀疑它或具有微小的质量，但并无确切证据，因为这些粒子太滑溜了。中微子与其他粒子的相互作用太过微弱，中微子检测器通常被埋在地底深处，以保护它们不会受到更强大粒子的影响。通常，人们还需依赖大量的液体，将检测器包裹起来。如果有中微子与液体发生相互作用，就会被检测器检测到。

太阳内部进行着巨量的核反应，所以它能发射出大量中微子。人们认为，每秒钟有50兆以上个中微子穿透人体——所以人们有时称它为幽灵粒子。

如果快子类似于中微子，那么空间中或许充满了快子，只是我们察觉不到。对中微子而言，如果它们没有质量，它们可能会以光速运动；如果它们有质量，它们可能会运动得比光速稍慢。所以，将它们引入通讯与无线电波用到的光子或光纤中的激光信号相比并无优势。但是，快子是完全不同的物质。

如果快子真能与正常物质发生相互作用，那么，它们应很容易地被检测到。就像中微子的存在是通过被它抛在身后的粒子的行为来推测的一样，快子应该具有自己独特的特征。快子与普通粒子的不同在于快子的质量特点。记住，快子的静质量是虚数，它加速时会失去能量。这意味着，快子对撞所产生的粒子的能量和动量与任何亚光速粒子完全不同。但现实中，人们尚未检测到这种对撞现象。

当人们谈到快子时，总会面对"会隐形的龙"的问题。这个比喻有时会与通灵能力或鬼魂相联系，因为两者都会在人们检测时消失。这个比喻是这样的：

一个朋友说，"我的车库有一条龙。"

"好吧，"你说，"我们去看看你的龙。"

"抱歉，"朋友说，"这是一条会隐形的龙，你看不见。"

"好吧，"你说，"我们可以感觉到。"

"不，你也触摸不到。"

"我们可以拿几张纸，它喷的火可以把纸点燃。"

"这是一条不会喷火的龙，所以没用。"

"好吧。我们可以在地板上放点面粉，侦测它的脚印；还可以在地板上散布一些重量传感器，当龙经过时可以被记录下来。"

"不行，对不起，它没有重量，也不会留下脚印。"

"我们可以用红外线相机检测它散发的热量。"

"这也没用，因为它不会散发任何热量。"

不管你怎么建议，你的朋友总是说，龙不能以这种方式被检测。所以，不可能有任何证据证明它的存在，你只能接受他说的龙存在的观点。快子比这条隐形的龙稍好一点，龙的存在并无理论基础，快子至少是一种理论上的粒子，遵循清晰的物理定律。但是，如果它一直不能被检测，也不能发生任何相互作用，那么它也许不存在。如果我们永远无法检测或者影响它，谈何利用它作为回到过去的通讯工具。

迄今为止，人们还是未能观察到支持快子和提前波这些时间幽灵存在的证据。但有些时间旅行的备选方案并不要求新奇的现象，不过，仅仅是设计制造就会大大超出我们现有的能力。这一次，我们要窥视遥远的未来。我们即将探索的理论远比我们现有的最新的空间探测器先进，就像用现代的电脑与远古的石头计数相比。原则上，确实存在一种方法能设计制造出时间机器带我们前往未来。

10 星际工程

如果"相对论原理"绝对正确，那么，时间将变得不连续，且以原子的形式存在。

——奥利弗·洛奇（Oliver Lodge）（1851—1940），英国科学促进会（British Association）主席就职演讲（1913）

大多数20世纪50年代的科幻作品都反映了一种积极进取的大西部冒险精神。就像淘金热驱使人们穿越遥远的距离并冒着生命危险开采贵金属一样，人们假设太空采矿也能驱使资本进军太阳系。为了制造一种简单的时间机器，我们需要拾起科幻作品中的幻想。在那些作品中，人类在小行星或其他行星上进行了大规模的采矿。

老实说，是超大规模。

韦斯利·克拉克（Wesley Clark）将军在2004年竞选民主党总统候选人失败后，开始满怀热情地追求太空计划的新目标。在新罕布什尔州（New Hampshire）所作的一次演讲中，克拉克将军以肯尼迪总统的载人登月竞赛计划强调了登月给美国人带来的激励。他还提出，下一个伟大前沿是超光速旅行。

克拉克将军没看上美国国家航空航天局（NASA）的载人火星任务

以及其他比较清醒的目标。他说，我们需要获得社会的支持去探索新前沿——没有什么能比超光速旅行更具太空挑战意义。将军心里想的是，如要探索深空，超光速旅行是必备的技术。尽管将军并未提及时间旅行，但超光速旅行与时间旅行存在天然联系。

毫无疑问，设计超光速飞行技术或制造时间旅行机器是巨大的目标——实际上，正如克拉克将军所言，更多的是梦想。实现这种工程学方案所需付出的努力将让人类在建造领域的所有成就相形见绌。你要做好长远的准备，从大处着眼。

第一个使用重量级技术与时间较量（自认为成功实现了时间移位）的人只是碰巧做到了这一点。这个人就是著名的尼古拉·特斯拉（Nikola Tesla）。特斯拉于 1856 年出生于奥地利帝国（Austrian Empire）的斯米湾村（Smiljan）（现在的克罗地亚），他在 1891 年成为了美国公民。他是个奇怪的混合体，他是成功的科学家，也是超级成功的投资者。他在晚年时期表现出了一些奇怪的行为和信念，似乎处于疯狂的边缘，这些行为让人们给他贴上了"怪人"的标签。

今天的科学界对特斯拉有多尊重？国际通用单位制里有一个单位，即磁通量的单位是以特斯拉的名字命名的。他的早期工作对电气行业至关重要。他发明了日光灯，最重要的是，他捍卫了交流电的使用，使人们抛弃了直流电。特斯拉制造了第一台实用的交流电电动机并设计了我们今天仍在使用的交流电输电系统，使交流电得到了推广使用。

这导致他与托马斯·爱迪生（Thomas Edison）之间爆发了激烈的争论，爱迪生是特斯拉年轻时移民到美国后的第一位老板。爱迪生的电气帝国建立在直流电的基础上。爱迪生试图诋毁特斯拉的交流电，他的方式是公开展示交流电的危险性，他用交流电电击了很多动物（从狗到大象），这间接导致了电椅的发明。不过，特斯拉正确地指出，直流电比交流电更危险，因为直流电会导致肌肉紧张——手接触了电线，会被粘住。

爱迪生的论点完全基于商业因素，科学站在了特斯拉的一边。交流电传输电的能量损失低于直流电，随着时间的推移，各国的电力系统都用交流电替代了直流电。随着收入的迅速增加，特斯拉得以在科罗拉多州（Colorado）的科罗拉多斯普林斯（Colorado Springs）建立了一个实验站，他在那里做了很多高功率和高频率的电实验。他的主要目标是希望找到一种无线传输电力的办法，因为当时的人们已知道了无线传送信息的方法——无线电报或收音机。

特斯拉的科罗拉多斯普林斯基地看起来就像电影里的疯狂科学家老巢。基地中心矗立着一座200英尺（60.96米）高的高塔，顶端是个巨大的铜球，铜球被充上了高达数百万伏特的电。特斯拉做实验时，这个地方周围的大气充满了噼啪作响的电——附近房子的水龙头里会流出电火花，站在电场里的马匹据说会被电击。放置在离塔数百码外的未接任何电线的电灯泡，在感应到特斯拉制造的电场后会发出神秘的光。

不过，特斯拉并不是在科罗拉多斯普林斯与时间旅行发生了纠葛。在搬到科罗拉多的四年前，他还在纽约工作，起初是在南五十大道三十五号，后来他的实验室在火灾中被付之一炬，于是搬到了东休斯顿大街四十六号。在这里，他用实验装置产生了强大的旋转磁场。尽管并无理论依据支持这种磁场强到可以扭曲时空使时间旅行成为可能，但特斯拉相信自己成功地穿越了时空。

特斯拉相信是旋转的磁场撕裂了时间和空间。现在，我们知道，强磁场可对大脑产生显著影响，这一过程被称为经颅磁刺激（transcranial magnetic stimulation，TMS），TMS利用快速变化的磁场在大脑里激发微小电流，刺激神经元放电。特斯拉似乎就经历了这一过程，他描述了自己头痛、耳鸣和定向障碍等症状。他感到自己脱离了时间流，他相信这种强大的磁场能将他从时间流中猛然拉开。

1895年3月，特斯拉不幸被一个高压电闸电击，有人认为这次事故标志了他精神障碍的开始。但特斯拉本人相信，这次事故将他从正常的时间流中分离，使他能纵览时间这个第四维度，让他能在时间之河中任意遨游。基于他在旋转磁场中的体验，特斯拉相信这次事故制造了一种粗糙的时间机器。

伽利尔摩·马可尼（Guglielmo Marconi）在无线电报上取得了成功，他获得了一项专利从而废除了特斯拉在无线能量传输方面的临时专利。在对马可尼逐渐增加的憎恨的驱使下，特斯拉再未回头研究过时间旅行的理论，尽管他相信自己的经历为时间旅行提供了一种可能的方法。他继续着自己的实验和研究（从死亡射线到垂直起飞的飞行器），但时间旅行似乎不再是他的兴趣了。

特斯拉鄙弃广义相对论，在 20 世纪 20 年代构想了自己的引力理论（从未发表）。他死于 1943 年 1 月，终年 86 岁。特斯拉在某种程度上是个谜——一方面他毫无疑问是一位工程天才，他发明的交流电电动机以及一整套发明足以让他与爱迪生并驾齐驱；另一方面，他许多的科学理论充其量只能算是古怪的想法，他有时甚至会将表演置于科学之上。

与对相对论的忽视一样，特斯拉拒绝接受量子理论，甚至不接受光与无线电波都是电磁辐射的理论。事实上，尽管它们的能量水平不同，但都能无需介质地在空间传播。他坚持以太理论，希望通过大规模放电触发地球振动以实现全球通讯。所以，他的疯狂科学家之塔建在了科罗拉多州，而另一个超高压设备建在了长岛（Long Island）的沃登克里弗（Wardenclyffe）实验室。

特斯拉看重表演甚于科学，这表现在他使用电气设备展示许多非凡物理现象的方式上，他从不详细阐释原理。他总是宣称，即将做出惊人的发现，但从不透露详情。他有个惯常做法：他有一个箱子，他告诉所有人，里面装有一个致命的秘密，一种神奇的杀伤性武器。在他死后，人们惊恐地打开箱子，却发现里面只有一种平常的电气设备，可以将不同的电阻切换到电路里去。鉴于他喜欢故弄玄虚的性格，特斯拉的时间旅行理论似乎也只停留在幻想阶段。

总之，没有任何证据证明特斯拉的实验能操控时间，尽管他的实验用到的电力极强，但与真正的时间旅行可能会涉及到的技术相比，这种强度相形见绌。第一个远超特斯拉经历的人（至少是在思想实验中）是威廉·雅各布·范施托库姆（Willem Jacob van Stockum）。

范施托库姆1910年生于荷兰，10岁时随家人旅居爱尔兰，短暂的余生都生活在这个英语世界。（他在1944年作为英国皇家空军的飞行员驾驶着兰开斯特轰炸机飞越欧洲时牺牲。）1937年，他发表了一篇论文，为广义相对论提供了一个精确解，这在当时是一件稀罕事。这个解涉及了一种相当奇特的物体：无限长的旋转尘埃圆柱体。

对广义相对论这种复杂的方程来说，获得它的一个精确解非比寻常。这是广义相对论被首次应用到旋转的物体上，而得到的结果更是令人惊奇。如果尘埃圆柱体旋转得足够快，围绕这个圆柱体像卫星一样作轨道运动的观察者会发现自己回到圆柱表面上空同一位置的时间要早于上一次旋转到达那里的时间。

实际上，圆柱体巨大的质量扭曲了时空，这种扭曲足以使圆柱体在旋转时牵引时空形成一种螺旋式环形结构，迫使绕圆柱飞行的观察者回到了更早的时间点。这种时间扭曲确切地说被称为"封闭类时间曲线"（closed timelike curve）。我们介绍过，广义相对论指出所有物质的质量都会扭曲时空，使空间中的直线变为曲线。在本例中，曲线被扭曲得太多，以至变成了环形，所以观察者被拽回了他进入这个环形之前的时间点。

范施托库姆的论文描述了一种非常简化的人工情形。没人能制造出无限长的尘埃圆柱体。但他的解第一次暗示，广义相对论与大型旋转物体相结合能实现时间旅行。此后，伟大且怪异的数学家库尔特·哥德尔（Kurt Gödel）将这个理论更进了一步。他将相对论应用到了你可以想象的最大旋转物体上——全宇宙，他发现这也能产生封闭类时间曲线。

哥德尔于1906年生于捷克斯洛伐克的布尔诺（Brno），但他的家族是德国血统，家里讲德语。具有伟大数学天赋的库尔特进入了维也纳（Vienna）大学，这里比德国柏林距离布尔诺更近，可与家庭保持密切联系。库尔特的哥哥鲁道夫此前已去往了那里，使那里成为了他的理想之选。

维也纳继续吸引着哥德尔，他在这里攻读了博士学位并在这里继续着自己的研究。当时的他可不是个遁世者，他在整晚参加派对的同时还能想出些非凡的新主意。在一个夜总会，他遇到了一个舞女，名为阿黛尔·波尔科特（Adele Porkert）。阿黛尔年纪比哥德尔大，老练且成熟——恰是他母亲时常警告他要远离的那种女人。事实上，阿黛尔成了他的妻子，且一起度过了余生。有了阿黛尔在身边，哥德尔的派对生活仍在继续，同时他挑战公认的数学常识的能力也变得越来越成熟。

哥德尔后来提出了数学领域中令人震惊的证明，令人迷惑的大师之作——"不完全性定理"（Incompleteness Theorem）。这一定理认为，在任何数学系统中，一定存在一些问题天然无法解决。据哥德尔所言，无论付出多大努力，这些问题都不能破解，而他以数学的精确性证明了这点。

你不需要了解哥德尔不完全性定理的具体形式就能欣赏它背后的思想。这一定理基于能产生逻辑上不自洽的论点（悖论）的方法论。我们可以举个例子，"这是一句假话"。如果这是假话，那么它就是真话……如果这是真话，它又是假话。再举一个类似逻辑问题的例子："理发师给村里每一个不给自己理发的人理发。谁给理发师理发？"不完全性定理成就了哥德尔最伟大的数学贡献，10 年后，他还对时间旅行进行了思考。

20 世纪 30 年代中期，纳粹的崛起让维也纳变得越来越危险，哥德尔收到了普林斯顿高等研究所的邀请，当时爱因斯坦已经在列。哥德尔不是犹太人，但他的许多同事是，他经常在大街上因为被怀疑是犹太人而遭到攻击。看起来，逃到普林斯顿变得很有吸引力，但哥德尔并未在那里待多久，6 个月后就回家了。

与此同时，奥地利变得越来越危险，但哥德尔似乎并未意识到周围发生了什么。直到 1939 年，政府通知哥德尔被征用服兵役时，他才意识到自己处境危险。于是，他和妻子在所有旅行途径被关闭前成功离开了奥地利抵达了美国。当时，走西部航线已然太迟，所以他们冒险走了西伯利亚铁路（Trans – Siberian）旅行到日本，从那里坐船去了旧金山。

到达美国后，哥德尔原本就脆弱的精神状况持续恶化，他变得越来越偏执。有一次假期，混乱的哥德尔被人们怀疑是一名间谍，因为他沿着海岸步行时用德语自言自语。当地人以为他正等待着德国的潜艇。尽管他继续活了很多年，直到1978年才去世，但他坚信有人在阴谋毒害他，所以只有在阿黛尔尝过他的食物后才肯吃饭。当阿黛尔进了医院再也不能当尝味员后，他拒绝进食，活活地将自己饿死了。

回到1949年，哥德尔计算出了广义相对论的另一个解。这个解与时间旅行有关，它假设整个宇宙都在旋转。这有助于解释有限宇宙模型最早的问题之一：一个具有边界的宇宙会倾向于塌缩。人们从牛顿时代起就意识到了这个问题。如果没有外力干涉，恒星与星系之间的引力作用似乎会不可避免地将彼此拉到一起。这一过程开始时可能很缓慢，但最终，宇宙中所有有质量的物体都会在一次巨型宇宙碰撞中彼此吸引到一起。

牛顿提出唯一能避免宇宙被引力汇集到中心的方式是，假设宇宙无限。这样，宇宙就没有中心，各个方向的拉扯力量也会彼此抵消。但是，牛顿意识到这样的模型很不稳定。只要一个天体稍微挪动了位置，塌缩就会发生。牛顿辩称，这没有发生是因为上帝一直调整着宇宙，以确保万物留在自己的位置上。

相反，哥德尔的自转宇宙可以是有限的，且不会塌缩。他的模型之所以能避免宇宙塌缩，是因为旋转物体的离心力能对抗引力的吸引。颇似轨道运行的物体不会落到地球上的原理，但将之放大到了宇宙中的每一个物体上。

哥德尔的旋转宇宙就像范施托库姆的圆柱体一样，打开了穿过时空曲线旅行的可能性，这会导致时间回路的出现。宇宙旋转得越快，这些时间回路就越直接。最基本的旋转速率要求能抵消引力的塌缩作用，所以宇宙可能旋转得相当慢，大约700亿年才能完成一次转动。在这样的宇宙中，完成一次时间回路的曲线长度可能约为1 000亿光年——这可不是一段现实的旅程。

的确，如果宇宙转得足够快，这段旅程将变得足够短。但这并不会给我们带来太多帮助，因为哥德尔的宇宙与我们所知的宇宙并无相似处。在他的模型中，宇宙是静态和旋转的，而真实的宇宙在不停地膨胀且没有旋转的迹象。如果宇宙的旋转速度快到和哥德尔模型一样，我们可以预测，这会让远处光源发射出来的光的偏振性发生明显变化，并在宇宙微波背景辐射上留下不同的模式。宇宙微波背景辐射是所谓的大爆炸的余波，可用宇宙背景探测器（Cosmic Background Explorer，COBE）、威尔金森微波各向异性探测器（Wilkinson Micro wave Anisotropy Probe，WMAP）和普朗克卫星（Planck satellites）捕捉它的图像。

哥德尔模型并不要求我们建造类似范施托库姆设计的那种无限圆柱体，但实际上它也并未变得更有用。哥德尔的旋转宇宙并未给我们提供一种可行的机制，既因为它要求我们航行一段不现实的超远距离，还因为这种宇宙与真实宇宙并无相似处。但是，它为这种想法注入了活力：利用广义相对论对巨大旋转物体的影响制造穿越时空的路径，使回到过去成为可能。

本质上，这种巨型旋转体能提供的是一种可以让人超越光速的方法……却不用运动得比光快。巨大旋转体拖拽光形成一个环形，当旅行者进入这个环后，以环内旅行者的视角看，她永远不会超过光速；但从外部看，以旅行者最终会抵达的目的地（抵达时间在她离开之前）的角度看，旅行者运动得比光更快并螺旋在时间里逆向运动。

20世纪70年代，另一位物理学家弗兰克·提普勒（Frank Tipler）想出了一个操控范施托库姆理论中的时间的方法。他利用了这种旋转时空的拖拽效应，但在某种程度上又不像哥德尔的理论，不需要整个宇宙发生自转。提普勒将这个想法写成了论文，论文的题目是《旋转圆柱体和违背全局因果联系的可能性》（*Rotating Cylinders and the Possibility of Global Causality Violation*）。"违背全局因果联系"暗指时间旅行。今天，科学家讨论时间旅行是值得尊敬的，但在当时无异于职业自杀，因为人们认为时间旅行牵强附会。违反因果联系意味着，能克服因与果之间的关系使果发生在因之前——实际上，这篇论文讨论着"时间旅行"的内容但并未提及"时间旅行"的字眼。

我们再次思考一个巨大无比的圆柱体（长度非无限），想象它对时空的影响。它的周围将出现时空扭曲，像任何巨型物体周围出现的时空弯曲一样。当你旋转这个圆柱体时，圆柱体会牵引时空，像在蜂蜜那样黏稠的液体里转动勺子时的场景。在液体里放一点食物色素，你将能看到螺旋状的纹路。假设勺子转得足够快，食物色素的纹路会绕成一个封闭环路。这是一种被简化的情景，但有助于我们理解这一过程。实际上，时间维度可能会被引力严重弯曲，这样，穿越时间则具有了可能。

原则上，这样一种时间机器在两个方向上都可以使用，旅行方向取决于旅行者围绕圆柱体运动的方向。提普勒计算了他的圆柱体要求的物质密度和自转方向，得到的结果相当接近中子星的特征数值。我们之前介绍过中子星的引力场可作为前往未来的时间旅行机制，但这些奇怪的恒星物体还存在另一个棘手的问题。

在中子星形成时，会发生一些有趣的事情。想一想，一个正在旋转的滑冰运动员，他先是张开双臂，然后将手臂慢慢降至身侧。滑冰运动员的自转速度会增加，因为角动量守恒。随着滑冰运动员的质心更接近身体的中心，旋转速度必须增加以对抗这种身体的收缩动作。与此相似，如果形成中子星的原来那颗恒星也在自转（似乎所有恒星都要自转），它的自转速度在它塌缩为超高密度形式的过程中会越来越快。

我们对脉冲星的观察提供了极好的证据，证明这确实会发生。脉冲星是能发出无线电波的恒星，它们发射的无线电波信号表现为稳定的脉冲形式。这种有规律的信号看起来极像人工信号，所以，当第一颗脉冲星被英国无线电天文学家乔瑟琳·贝尔（Jocelyn Bell）和她的导师安东尼·休伊什（Anthony Hewish）教授发现时，它分配到的代号是LGM－1，意为"小绿人1号"。贝尔和休伊什并非真地相信他们检测到了外星人的信号，不过当时的确没有已知的自然现象能产生这种高速的规律脉冲。

对脉冲星最好的解释是，它是一种快速自转的中子星，表现得就像一种星际灯塔。这种塌缩恒星发射出的无线电波束随着恒星的自转横扫太空。抵达地球的脉冲信号的闪烁频率（更准确地说，是无线电探测器接收到的短促尖鸣声）对应了中子星的旋转速率。一些脉冲星的旋转速度非常快，它们的自转速度可以达到约一毫秒一次。一颗曼哈顿大小、全尺寸恒星质量的中子星每秒可旋转 1 000 次——比提普勒圆柱体所需的速度低 3 倍。

这样看来，中子星恰好符合我们的要求。我们需要一个圆柱体能产生对时空的拖拽效应——这意味着我们需要找到最少 10—12 颗中子星，它们以同一速度同一方向自转，我们还需要将它们挤在一起制造一个圆柱体。这又会产生一个小麻烦，如果你用这种巨大的物体制造一个圆柱体，圆柱体会很不稳定。中子星物质产生的引力牵引会将一切物质吸引成一个球体，这种致密球体质量为 10—12 颗恒星质量的总和，很可能会形成一个黑洞。此外，这个圆柱体的引力牵引作用极大，能大到让任何靠近它的人都会被潮汐力撕成碎片。

制造一个提普勒圆柱体的星际工程会面临不小的挑战。首先要找到至少 10 颗中子星，并将它们拖到一起。我们介绍过，已知最近的中子星距离地球大约 250—326 光年，这个距离可不近。然后，我们要掌握跨越遥远距离航行的技术，外加操控恒星质量物体的能力。我们需要将 10 颗中子星放在一起，同步它们的自转速度，再将其转速加快 3 倍。

最后，我们还必须施加某种巨力（可能是反引力），使这些恒星保留在圆柱体内。同时，我们还要找到某种办法保护我们的时间旅行者不被圆柱体周围的潮汐力撕碎。总之，提普勒的圆柱体是一个好理论，刚好符合克拉克将军巨型太空工程项目的梦想，但它不会发生。我们需要找到对星际工程要求更少的方法。

还有另一种可能，牵涉到围绕一个极长物体的运动。实际上，这种方法有可能被用来作为一种时间机器的机制，且不需要我们操纵中子星。但这种方法会涉及一个完全假想且奇特的物质形式：宇宙弦（the cosmic string）。

虽然两者相关，但宇宙弦与你在"弦理论"中听到的弦是完全不同的尺度。弦理论试图以一种理论统一自然界的所有力与粒子。在弦理论中，每个粒子都由一种小到不可思议的环状物质构成，它们能以不同的方式振动，产生组成物质并容纳自然力的不同粒子。尽管这种理论的描述听上去简单且具有吸引力，但它在数学上却很复杂，在实际中也存在一些问题。

弦理论要求存在多维空间（超出我们能体验到的三维）。此外，弦理论还未产生任何可被检验的预测。针对这点，今天有位顶尖科学家认为这样的描述甚至不配称为错误。但宇宙弦是另一个尺度。

宇宙弦是一种假想结构，它是宇宙形成早期留下的遗迹。人们从未观察到它们，但一些关于物质与宇宙本质的理论推测了它们的存在。宇宙弦是一种伸展穿越空间的超长纤维。实际上，宇宙弦不应有末端，除非它是环状结构，否则应为无限长。尽管宇宙弦极薄，但它的质量却很巨大，每1平方厘米大约有10 000兆吨。

假设宇宙弦真实存在，物理学家理查德·戈特（Richard Gott）提出了一种利用它们实现时间旅行的方法。"如果你能得到一对宇宙弦，并让它们高速（接近光速）远离彼此，"戈特说，"它们对时空造成的扭曲可导致一种效果——当你高速围绕这对超弦转动时（必须高速转动，因为它们正以接近光速的速度远离彼此），你能回到过去。"

与弦理论一样，这种理论的基本原理很简单，而一旦进入细节，事情就会变得糟糕。首先，我们不知道宇宙弦是否存在，它们的假想程度比黑洞还高。其次，我们预测星光可以绕开宇宙弦，所以宇宙弦会导致星光路径的延迟或弯曲。因此，宇宙弦应该会产生恒星的双重图像。当然，我们确实看到过太空中恒星的双重图像（甚至多重），只是这种现象有其他更简单的解释——因为广义相对论提出，太空中巨大天体能像透镜那样弯曲和分裂光线。

　　如果宇宙弦存在，很大可能是，我们将航行数百万甚至数十亿光年的距离才能遇上它们。而操控两根宇宙弦使其彼此靠近，然后以光速彼此远离的运筹工作显然比建造巨型中子星圆柱体的想法更困难。所以，这种可能仍停留在理论家的梦想中。

　　利用巨型结构确有可能制造出时间机器，前提是我们能获得与之对应的工程能力。不过，巨型圆柱体和宇宙弦并非仅有的能扭曲时空的方法。还有一种自然现象可为我们提供帮助，且不需要建造任何东西。

11 爱丽丝穿越虫洞

时间有终点，这是"大爆炸理论"的启示。这也是"黑洞理论"的启示，黑洞是更接近现实且更急迫的研究对象。

——约翰·惠勒（John Wheeler）（1911—2008），《美国哲学学会会刊》（*Proceedings of the American Philosophical Society*）125 期（1981）

现在，或许没有多少人还能记起迪斯尼的电影《黑洞》（*The Black Hole*）。这或许是件好事，因为这部电影并不非常出色。但黑洞概念的本身以及将黑洞作为时空大门使用的可能性，仍强烈地植入了大众的意识。

到大街上随便问一个人，黑洞是什么，他可能会回答你，"一个具有超强引力的黑色恒星，它可以拉拽周围一切物体，就像一种星际吸尘器、一种吞噬万物的巨怪，吸走胆敢接近它的任何东西"。这完全有可能，因为黑洞本身就是一个谜——黑暗、可怕、阴森。

事实上，这种描述几乎是完全错误的。黑洞也许并不存在，即便真实存在，也绝非为全黑色。它们是惊人的——实际上，是彻头彻尾的古怪。

关于黑洞可能存在的猜想大约存在了 250 年。第一个提出黑洞可能存在的人是英国天文学家及地理学家约翰·米歇尔（John Michell），他工作于剑桥大学。米歇尔生于 1724 年，是新一代相信光速可测的科学家之一。直到 1676 年也没人能确定光是否为瞬时（或者是以一种无法测量的速度）传播。并非没人尝试过对光速进行测量，但这实在太困难了。

例如，伽利略就勇敢尝试过对光速的测量。他的测速方法依赖于纯粹的黑暗。帕多瓦（Padua）周边乡村漆黑的夜晚，是伽利略和助手动手测量的好时段。现代人很难想象这种黑暗有多纯粹，因为现代的人工照明导致天空辉光几乎污染了世界的每一个角落。你们很难体会 17 世纪意大利乡间完全未被玷污的夜晚。在这样的黑暗中，裸眼也能看到 10 英里（16 公里）外的烛光。

伽利略的助手先骑马离开一段已测的距离，然后停在那里等待伽利略的信号。伟大的伽利略可能用自己的脉搏作为钟表（我们对实验细节并不清楚），他揭开灯罩给助手视野里增添了一颗黄白色的星星。此时，助手也立刻揭开自己的灯罩，灯光返程回到伽利略处。伽利略看到后，将时间记录下来。不过，测量结果一团糟，因为计时缺乏一致性。伽利略失败了，他发现自己无法确定对面的光是否为瞬时出现。如果对面的光并非瞬时出现在面前，它的速度一定是快得异乎寻常。

他相信科学不可战胜，并由此与教会当局展开了生死之争。也许，这是他人生中唯一一次沮丧经历。即便他能拥有一个超高精度的计时器（万分之一秒级别），足以测量光走完这段距离所需的时间，但两个测量者的大脑反应时间导致的延迟仍会搞砸实验。伽利略承认这个测量过程存在人为影响。他又做了一次尝试，这次他让助手站在自己的身边——测量时间与之前完全相同，整个测量过程输在了大脑的反应时间上。这次意图解决光速问题的实验失败了，但伽利略做出了勇敢的尝试。

一些人可能会认为他的努力只是浪费时间。例如，法国哲学家科学家勒内·笛卡尔（René Descartes）认为光的传播不需要时间，光的传播就像一种压力形式，而不像从台球杆的一端（光源）传至另一端（你的眼睛）。笛卡尔不明智地评论道："光，一瞬间从发光物体抵达了我们的眼睛，我认为这是确定无疑的。如果它被证明错了，我做好了承认自己对哲学一无所知的准备。"

他并未等待多久，笛卡尔去世26年后的1676年，一位与他相比鲜为人知的丹麦天文学家奥勒·罗伊默找到了一种足够大的装置测量光的速度。正是伽利略的研究使这个丹麦人对光速的测量成为了可能，鉴于伽利略失败的实验，不能不说是一种绝妙的讽刺。伽利略在1610年发现木星有4个卫星，罗伊默试图用这些卫星的运动作为天体计时器。这是一个大计划的一部分，这个计划需要穿越整个欧洲以实现在海上精确计时，这对人们计算安全航海需要的经度来说极为重要。

那个时代粗糙的机械钟无法准确计时，所以希望精确定位是不现实的——因此，罗伊默希望寻找到一种天体时钟。这种天体必须在全世界范围内都可被清晰观察，且其在不同经度的计时保持不变。在仔细测量了很多个月后，他得出了一个令人失望的结果——环绕木星的卫星再次出现的时间间隙变得越来越长。这可不是理想的结果，如果将木星的卫星当做时钟，这种时钟的机械装置会越走越慢。

罗伊默经过了很多次测量后才发现了真相。最终，很多个星期之后，过程出现了反转。现在，卫星在每次环绕木星之后再次出现的时间变得越来越早（与之前完全相反）。这种改变发生的时间点，恰是地球与木星距离最远时。卫星时相的变化与地球相对木星方向的变化一定存在着某种联系。

罗伊默知道，当地球和木星围绕太阳公转时（这又是他需要感谢伽利略的地方，尽管这并非伽利略的原创），两颗行星在一年中的一部分时间会相互靠近，一部分时间会相互远离。当地球与木星间的距离逐渐增加时，光需要传播的距离变得更远。假设光的速度可以被测量，那它抵达地球的时间一定会更长。当地球与木星彼此靠近时，这一时间就会减少。光传播时间的改变可以说明木星卫星时相的明显变化。罗伊默所需要做的就是比较木星卫星的时相改变与木星距离改变之间的关系，以此确定光的速度。

罗伊默使用了天文学家卡西尼（Cassini）测量的木星轨道的数据，成功计算出光速大约为每秒 220 000 千米。他的计算结果与真实光速存在偏差，真实光速应为每秒 300 000 千米。但他的测量结果已非常接近真实值了，考虑他当时只有不精确的距离数据和粗糙的计时装置，得出这样的结果已非常不易。

这一速度（每秒 220 000 千米）是巨大的。当你考虑那时人类可体验到的最快运动速度只是骑马狂奔的速度（每秒大约 0.015 千米）时，这一速度简直让人难以想象。这个结果意味着光速是有限的，笛卡尔错了。我们再回头谈谈黑洞和约翰·米歇尔。

在得出光的传播速度为每秒 220 000 千米后，米歇尔用这个速度与另一个已知数字进行了比较——地球的逃逸速度。这个概念来自于牛顿的引力公式。为了克服地球表面的引力牵引作用并逃逸至太空，必须以某个特定的速度运动。这个速度大约为每秒 11.2 千米。如果以大于每秒 11.2 千米的速度离开地球，你能获得自由；小于这个速度，你将会被拉回地球。

每个人都见过火箭发射进入太空的视频，火箭飞向空中时看起来似乎很吃力，火箭当然不会以每秒 11.2 千米的速度发射。逃逸速度是指物体在没有外力作用下的运动速度。你一定看见过某部电影或电视剧中超人将一个棒球击到了太空的场景。那么，这个棒球的速度必须大于逃逸速度运动，因为棒球在离开球棒后受到的力只有空气阻力和引力，两个力都在使它减速。回到火箭的问题，只要发动机还在点火，就能克服引力。在这个过程中，如果火箭能持续保持向上运动，就能以任意速度逃逸。不过，米歇尔思考的是完整的每秒 11.2 千米的逃逸速度。

米歇尔将逃逸速度的想法与光速的知识放在了一起。很明显，对于像太阳这样更大更重的天体来说，它的逃逸速度要远高于地球。今天的我们知道，太阳上的逃逸速度大约为每秒 620 千米。如果你面对的是一颗比太阳还要重很多的恒星会怎样？当恒星的质量越来越大时，恒星的逃逸速度也会越来越大，甚至超过光速。此时，恒星会变成黑色，因为光的速度不足以逃离恒星的引力。

米歇尔的理论发表在 1783 年的《皇家学会哲学通讯》(*Philosophical Transactions of the Royal Society*) 上。当时，人们认为这是一种有趣的推测，并未太关注。毕竟，大家难以想象，什么物体能达到如此巨大的逃逸速度？此外，当时尚不能确定的是，光是否具有质量可让引力产生作用（引力定律需要有质量）——这对于牛顿的引力定律和逃逸速度的定义具有重要意义。直到 20 世纪爱因斯坦的广义相对论出来后，这个问题才再次提上台面，不过那个重新思考这个问题的人或许并不知道米歇尔的存在。

他就是德国物理学家卡尔·史瓦兹旭尔得（Karl Schwarzschild），卡尔想利用爱因斯坦的新方程从白热化的战斗中开拓新路。那年是 1916 年，史瓦兹旭尔得当时正在第一次世界大战中的德国军队服役。他抽出闲暇时间思考了这个问题——广义相对论会使特定质量的恒星发生怎样的变化？相对论解释了引力可以弯曲空间，空间在一个重物附近会发生弯曲。史瓦兹旭尔得认识到，一颗恒星如果具有足够大的质量，会弯曲空间并导致离开恒星的光被重新拉回去，光永远无法逃逸。他用现代物理学的数学工具重新发明了米歇尔的暗星，且这种方法并不要求光具有质量。

尽管使用了更严格的方法，但史瓦兹旭尔得像米歇尔一样，相信自己面对的是一个不切实际的情况。这是个巧妙的理论，但他确信这反映不了现实。拿我们最熟悉的恒星太阳为例，太阳的直径约为 140 万千米。如果它的质量浓缩到理论上的暗星的程度，必须缩小到直径只有 6 千米。打个比方方便大家理解，这相当于将整个地球的质量挤压到一颗葡萄大小的物体中去。要产生一个黑洞必须做到这种程度的物质压缩，这看上去似乎太不可思议。

这个理论在 20 世纪 30 年代之前仍只是某种古怪的理论，直到后来的两个物理学家即印度的苏布拉马尼扬·钱德拉塞卡（Subrahmanyan Chandrasekhar）和美国的罗伯特·奥本海默（Robert Oppenheimer）（后来的"原子弹之父"）构想出了恒星的演化模型，才出现了转机。这一模型提出了一种使前述那种塌缩现象发生的现实方法。今天的我们知道，是引力让我们留在了地球表面，并将我们以及我们周围的一切物体向地心的方向拉扯。同样的事情也发生在恒星上，鉴于其巨大的质量，这种作用只会更大。恒星上的所有物质总是被拉向恒星的内部，这种力难以抗衡。

当一颗恒星（比如我们的太阳）仍处于非常活跃的状态时，恒星内部的核反应产生的光会一直推向外部，产生了对抗引力的反力。恒星达到了平衡，来自核反应的向外压力平衡了向内的引力。最终，恒星的燃料会耗尽，向外的压力会下降，引力开始占据上风，迫使恒星的体积缩小。

但是，恒星核聚变的能量并不是唯一能让其内部粒子保持分离的因素。还有一种被叫做泡利不相容原理的因素也可以，我们在狄拉克负能量电子海理论中介绍过泡利不相容原理。这一原理要求紧挨着的相似粒子具有不同的速度。结果就是，当粒子被迫彼此靠近时，它们会试图逃离，向外对抗塌缩的趋势。大部分情况下，冷却中的恒星的塌缩过程会停下来，有一种情况例外。

如果这颗恒星特别巨大（约为太阳的 1.5 倍甚至更大），引力将克服这种阻力，使塌缩继续进行。在某些情况下，结果将是恒星大爆炸形成超新星，产生新元素并把它们抛向整个星系。人们相信，地球上的所有重元素都是这样产生的。如果爆炸没有发生，理论上没有什么东西能阻止塌缩，恒星将越来越小。恒星附近的空间将越来越弯曲，直至光再也不能逃逸。此时，恒星将演变为 1967 年美国物理学家约翰·惠勒命名的"黑洞"。

光无法逃脱的界限（也意味着没有任何东西能逃脱，因为没有任何东西比光更快）被称为事件视界（the event horizon），如果黑洞能形成

138

表观尺寸（apparent size），那么视界就是黑洞的表观尺寸，但视界并不是真正的黑洞本身。理论上预测，这一过程一旦开启就无法停止。恒星将越缩越小，直到变成一个无限小的点，奇点（singularity）。引力在奇点处将趋向无穷大，而依靠有限数学的一切物理理论将分崩离析。

黑洞的几何结构令人费解。实际上，黑洞类似于电视剧《神奇博士》里的塔迪斯飞船——黑洞的内部比外部更大。尽管黑洞的可视极限，即视界的直径或许只有几千米，但黑洞的半径（视界到黑洞中央奇点的距离）可能远超这个直径。

形成这种奇特、矛盾的结构是因为黑洞中心的奇点弯曲了空间。这种弯曲太过极端，以至于从奇点到视界的距离要远大于视界形成的球面半径。想象一个二维的黑洞更容易一些：一张橡皮床单经过剧烈变形后可变成一个非常长的尖头锥体。视界的半径就是这个锥体底部的圆半径，内部的奇点半径是由底部圆心指向锥体的顶点（尖端）。

在黑洞理论刚被提出的那个时期，没人见过黑洞，很多宇宙学家认为黑洞只有理论上存在的可能，在实际中并不能形成。例如，爱因斯坦相信，黑洞不可能在现实中存在。后来，这种观点逐渐发生了改变。现在，有充分的间接证据提示，黑洞确是恒星家族的一部分。大多数天体物理学家认为，黑洞遍布整个宇宙，绝大部分星系（或许是所有）的中心都有一个巨型黑洞，这部分地解释了星系结构形成的原理。

不过，目前我们所掌握的都是间接证据，我们从未看见过黑洞。显然，从定义上看，黑洞本身就不可见。事实上，黑洞绝非纯黑的。例如，一个黑洞与另一个恒星组成了双星系统（这是一种常见的恒星结构，两个恒星围绕彼此作轨道运行），我们应能看到物质从伴星呈漩涡状抛向黑洞。

甚至，孤立的黑洞也能通过一种被称为霍金辐射（Hawking radiation）的过程产生一些光，这一理论产生于量子物理学。量子物理学预测，在真空中，粒子对（物质与反物质）一直在瞬间生灭，它们只会停留短暂时间，在被人检测到之前就消失不见。如果这发生在黑洞的视界附近，粒子对的其中一个会掉入黑洞，另一个粒子会逃到太空中去，产生可被观察到的辐射（虽然很微弱）。

因为我们没有详细的直接观察证据，所以黑洞仍是理论上的构想。一些其他的理论同样也能解释黑洞对应的现象，比如星系中央的物质没有黑洞也可以形成。但黑洞背后的理论听上去很坚实，它们存在比不存在的可能性要大得多。

尽管黑洞从伴星掠夺物质的能力十分突出，但需要强调的是，它们并不是科幻作品中描述的那种贪得无厌的宇宙无底洞。归根结底，黑洞是恒星，它的引力大小与塌缩前一样，不多也不少。它的引力效应与任何一颗同样大小的恒星一样。是的，引力的牵引作用很强——例如，你靠近太阳会很难离开。但理论上，留在黑洞周围一条稳定轨道上运动，或者飞离它是完全可能的。这与在一颗普通的恒星周围运动并无区别（当然，前提是不能越过视界）。

黑洞理论存在许多诱人之处。与它靠得太近，它会像一条单向隧道，将所有东西吸入并让你消失。某种程度上，它会让我们联想到死亡，你甚至会想到，"黑洞的另一边是什么？"黑洞有无可能并非是宇宙的垃圾桶，而是某种门户——如果你飞进一个黑洞，结果会出现在别的地方吗？

这并不完全是疯狂的想法：黑洞中心的奇点会产生强大到不可思议的时空扭曲；可以将黑洞看作一条狭窄的隧道，通往……穿越另一个维度的某个地方。你能将奇点当作一个门户，跳至宇宙的另一面吗？如果能，可否将黑洞当作时间机器？首先，我们需要看看穿越黑洞的可行性，这可不是容易的事情。

假想，你驾驶着一艘太空飞船进入黑洞，随着你越来越靠近奇点，引力的牵引作用会越来越强。飞船前端和后端受到的引力差会越来越大（就像中子星那样，只是这里会更剧烈）。这种潮汐力作用会将你的飞船拉长（以及内部的一切，包括你自己），就像拉一根意大利面那样。在这种终极版的中世纪刑具拷问台里，你会被牵拉至死。

　　但黑洞附近并不只是这样简单，如果你遇到的是更大的黑洞，潮汐力或许会令人惊讶的变小。这是因为，你感觉到的潮汐力大小取决于两个因素——"潮汐力"与"黑洞质量除以视界周长的立方"成正比。如果你面对的是一颗质量巨大的黑洞，潮汐力效应或许会更小。鉴于此，也许，黑洞达到足够大的水平（人们认为银河系中心有超大质量的黑洞），你也许能生存足够长的时间穿过黑洞门户完成某种跃迁。

　　这会产生一些麻烦的时间效应。从你的视角看，当你穿过视界时，时间正常流逝；但对外部观察者而言，当你接近这条不归路时会越来越慢，因为广义相对论效应减慢了你相对于外部世界的时间。原则上，从外部观察者的角度看，你需要无限长的时间才能穿越视界。

　　假想你在引力的拉扯作用下活了下来，一旦你穿过视界，你将面临一个大问题——你没有办法出去。黑洞是条单行道，一旦你置身于视界之内，即使潮汐力还不足以达到杀死你的地步，在你越来越靠近奇点时，潮汐力也会快速上升至无穷大，这是致命的。更糟糕的是，其他一切进入黑洞的物质（每一粒灰尘和每一丝气体）都会被加速到接近光速，使其变成致命的子弹。最终极的问题是没有出口，奇点并非双通门户，它是万物的终结。与世界道别吧！

　　所以，就其本体而言，黑洞并不能用来进行任何旅行。后来，人们想出了一个变通的办法使黑洞可通行，使时间旅行或许成为可能。这个想法最初在 20 世纪 30 年代被人们提出，它被称为爱因斯坦－罗森桥（Einstein－Rosen bridge）。此后，这个想法得到了长足的发展，现在的人们更喜欢称其为虫洞。这个想法非常简单：利用两个黑洞，合并它们对时空造成的扭曲效应。

　　关于广义相对论作用下物质对时空的扭曲，可以试想一个普通的二维场景。我们想象物质在一张橡皮床单上制造了一个凹陷，物质的密度越高，凹陷越深。实际上，黑洞中心的奇点就是密度无限大的物质——所以我们可以假想这个橡皮床单的空间产生了一个趋向无穷的尖锐凹陷，将时空结构一直拉扯至宇宙边缘。这是"加百利号角"（Gabriel's horn，又名托里拆利小号）的时空版本。

如果，你能想办法将这种时空超级号角与第二个黑洞引起的时空扭曲连接，那么让时空中的这两点桥接起来将成为可能，也即，将现实世界中的两个凹陷连接。如果有某种办法能穿过一个黑洞到另一个去，你就能到达宇宙中的另一个地点，或是另一个宇宙，又或是时间中的另一个时间点，且不用穿过两者之间的时空。这是一座连接时空连续统中两点的桥或者说一条隧道。

在科幻作品中，从《时间机器》、《神秘博士》的塔迪斯飞船到老旧但令人怀念的 20 世纪 60 年代的科幻电视剧《时间隧道》（*The Time Tunnel*），我们都能利用虫洞自由穿越时空。在《时间隧道》里，一个实验室构建的隧道将两个时间旅行者扔回了过去。他们可以从一个时代跳至另一个时代，却不能回家，基地也无法接回他们只能监控并发送一些物资援助他们。

强调一下，当我们思考时空中的虫洞时，其实是在做假想。今天的人类已能很好地理解黑洞背后的物理学，我们也相信它们在宇宙中广泛存在。虫洞背后的物理学也同样扎实，但我们没有任何证据证明它们在现实中存在，甚至间接证据也没有。

我们假设，自然站在了我们这一边，我们发现了一对虫洞。恰好，它们制造的时空凹陷彼此连接，所以我们得到了一种桥接形式。这里，我们还要面对很多其他问题。当我们进入第一个黑洞时，我们需要向奇点的方向行进。在这个过程中，我们会被潮汐力撕碎或被以接近光速运动的物质轰击。不过，或许有一种办法能绕开这个危险——一个自转的黑洞。20 世纪 60 年代早期，数学家罗伊·科尔（Roy Kerr）就指出——整体上说，太空的物体都会自转。

这对宇航员们来说，非常熟悉。我们人类就住在一个自转的且围绕自转太阳公转的行星上。同时，围绕我们公转的月球也进行着自转。

更进一步讲，目前人们发现的每一个恒星都在自转。这似乎是它们的天然状态。所以，我们没有理由假设黑洞不自转。恰恰相反，黑洞应该自转得非常快。黑洞半径的变小会产生让黑洞自转速度增加的滑冰运动员效应，这种效应显然比中子星更强。在黑洞半径变小的过程（塌缩）中，需要守恒的物理量之一是角动量，角动量由"与黑洞中心的距离"、"黑洞质量"和"自转速度"决定。减少半径，速度必然上升。

根据科尔的计算，在某些情况下，飞船可以毫发无损地穿过黑洞中心。自转的黑洞可使飞船安全穿越的原因是，奇点这个密度无限的无法逃避之点会被黑洞的自转效应转成一个环。当旅行者试图穿越虫洞时，他不会接触到奇点，而是从环中穿过。如果这个环足够大，旅行者或许不会受到能将其拉扯至死的引力牵引作用。

所以，假想我们能利用两个自转的黑洞，毫发无损地成功穿过两个奇点。我们现在到了位于另一个地方的第二个黑洞里，或许是宇宙的另一边，或许是另一个宇宙。不幸的是，我们仍然还在一个黑洞中，无法摆脱，逃不出去。无论如何加速，我们都会逐渐失去动力，来回穿过两个环状奇点，像星系玩具那样弹来弹去，永远无法逃逸。

为了逃出去，我们需要一种完全不同的东西——白洞。它实际上是个反黑洞，但并非是由反物质构成的黑洞。反物质像普通物质一样会产生引力效应，所以人面对反物质黑洞依然不能逃脱（即使你能避免接触反物质从而不被湮灭）。我们要寻找一些更加奇妙的东西，白洞：它相当于黑洞，但能逆转时间；它与黑洞结构相似，不同的是它将一切物质向外推，而非向内吸。

白洞的中心仍然有奇点，但它是一种非比寻常的奇点，是创造的奇点而非毁灭的奇点。物理定律并未禁止这种奇点的存在，只是人们从未观察到它们。我们只能说，自然界中不存在这种奇点。或者更准确地说，就我们所掌握的知识，这种奇点只存在过一次——之前存在这种类型奇点的地方应是大爆炸的中心。

因为大爆炸代表了万物的起点，所以这种奇点是可能存在的，但后来（比如现在），热力学第二定律为我们制造了一些麻烦。前面介绍过，第二定律告诉我们，孤立系统中熵（混乱）只会保持不变或增加。白洞似乎违反了热力学第二定律，因为它逆转了黑洞的作用方式。它不会撕碎结构化的物体，而是将其组装并喷射出来。

你可以想办法绕开这个热力学问题，记住，第二定律只适用于孤立系统，有很多方法可支持白洞从别处获得能量来平衡熵。这类似于地球能增加生命这样的秩序形式，是由于从太阳获得了能量。

假设，我们得到了一个黑洞和一个白洞，并想办法成功合并了它们各自造成的空间弯曲。理论上，我们似乎得到了穿越时空的单向隧道。我们进入黑洞，并从别处的白洞现身。我们还需要避开奇点，想办法从高能物质流中活下来，但我们已接近我们想象的虫洞模型了。

我们还有一个麻烦需要面对——从这个虫洞的白洞一端，你能回头看见奇点。如果旅行者能出去，光也能。尽管这个看法并未得到很好的支撑，但数学家罗杰·彭罗斯（Roger Penrose）认为：奇点太过反常，以至于我们永远不能看到它们——它们总是被类似于黑洞事件视界的东西屏蔽。如果奇点被转成一个环，可能可以避免这个问题，因为届时你的视线会穿过奇点，而不是看到奇点本身。

不过，理想情况下，我们更愿意抛弃奇点。老实说，奇点令人尴尬，且很不方便。幸运的是，如果我们能控制住一对白洞，将有可能维持一个虫洞的同时抛弃掉奇点。如果这两个白洞恰好相遇（或者，我们想办法合并了它们对时空的扭曲），白洞的两个大爆炸式样的奇点会彼此湮灭。结果会产生连接时空中两个点的隧道，且没有致命的奇点挡路。这条隧道是双向的，并不会只有一个旅行方向。这将是一个真正的虫洞，一条穿越时空的捷径。这样的一种时间机器能让我们匆匆看一眼虫洞。

"匆匆"这个词切中了要害，这种虫洞天生不稳定。相对论预测，这种虫洞将会再次自然崩解，且崩解的速度非常快，以至于以光速运动也不能穿过。在崩解过程中，虫洞会产生一对无法逃脱的黑洞式奇点，搭乘这种时间机器的未来旅行者死定了。更糟糕的是，如果有任何物质在这么短的时间内成功进入了这个虫洞，将会让整个结构崩溃得更加迅速。

如果你试图利用的是个自然产生的虫洞，还会出现一个问题，你不知道虫洞会将你带向何方。记住，通过每个奇点扩展的空间实际上都穿越了整个宇宙，我们不知道这两个奇点造成的时空弯曲所构成的桥会通往哪里。一种可能是，这座桥会通往另一个宇宙。如果是这样，即使你穿过了这样的虫洞，也不能把它当作时间机器使用。因为穿越虫洞的效果实际上是将你从我们的宇宙中脱离，而不是在我们的宇宙中进行时间移位。（如果你只接受一个宇宙，你会很难理解；如果你接受多元宇宙，这种情况是极其可能的。多元宇宙论认为，我们的宇宙只是许多膨胀的泡泡中的一个）

如果只靠基本的爱因斯坦－罗森桥或虫洞，是不能实现时间旅行的。但朱迪·福斯特（Jodie Foster）和一部电影极大地推动了利用虫洞进行旅行的理论。科普作家卡尔·萨根（Carl Sagan）写了一本名为《接触》（Contact）的小说，小说被拍成了电影，主演是福斯特。故事中，外星人给人类发来了一份制作说明，可制造出一种能通过穿越人工构建的虫洞旅行至遥远星球的装置。萨根起初打算用一个黑洞作为旅行办法，但他看不到这个办法运行的可能性。在小说中，他为了好玩，请物理学家基普·索恩（Kip Thorne）想出了一个更具可行性的实现星际旅行的方法。

在此之前，思考过爱因斯坦－罗森桥和虫洞的人们都假设这是一种自然现象，但索恩逆向思考了这个问题。他思考了，如要制造一个能从宇宙一个部分传送到另一个部分的虫洞，需要些什么东西。我们再回忆一下那张经常被滥用的代表时空的橡皮床单，索恩想将其扭成一个横倒的字母 U 形。接着，他想在这个横倒的 U 形的上边和下边各制造一个漏斗形的开口，两个开口连在一起就制造了虫洞。

在正常时空中，虫洞的入口点和出口点之间的真正距离是沿着 U 形橡皮床单的划线距离，穿越虫洞的旅行者只需跨越 U 形两条臂之间的直线距离。如果考虑真正的距离，这种穿越虫洞的旅行速度应该大大超过光速。因此，像这样穿过虫洞的方式可被用来实现在时间里向后（过去）旅行。

索恩想到了使虫洞可行的基本机制，但我们介绍过，就算我们能用一对白洞构建出真正的虫洞，这个虫洞也会极快地崩溃。我们需要的是一种工程方案，一种保持虫洞开启并防止它崩溃消失的办法。这需要用到"奇异物质"（exotic matter），这种物质与普通物质之间的关系类似于白洞与黑洞的关系。这样的物质将给虫洞施加负引力，使其保持开启状态。事实上，我们正在讨论反引力。

乍一看，这似乎说到头了，因为反引力比时间旅行更飘渺，用一个更不可能的问题代替一个不可能的问题显然不科学。利用反引力看上去并非特别实用的解决办法，但这个判断是基于反引力不可能存在的前提下。事实上，我们越来越意识到，有些效应可以被描述为反引力。

这些效应中最有名的是暗能量。暗能量的概念来自于人们对宇宙整体行为方式的观察。现代的大爆炸理论设想的是一个微型宇宙在膨胀过程中经历了大规模的体积扩张，其扩张速度快于光速。在宇宙接近目前体积时，我们认为这种扩张速度将逐渐变得平缓。

20 世纪 90 年代之前，所有人都假设这种扩张会在引力作用下逐渐减缓，因为宇宙中的所有物体都会彼此吸引。最终的结局，要么是逆转，使万物重归一处形成灾难性的大塌缩；要么是扩张将非常缓慢地逐渐停止，但永远不会真正停止，只是越来越慢。

在新望远镜和空间天文站的帮助下，观察更久远的过去成为了可能（由于光速是有限的，所以观察遥远的太空也即观察遥远的过去），因此我们可以跟踪宇宙的扩张过程一段很长的时间。这些研究的结果令人震惊。宇宙的扩张并未因引力作用减缓，相反，它还在加速。宇宙的扩张似乎越来越快。

人们给这种让宇宙分崩离析的扩张力量起了一个"暗能量"的名字，以与现有的"暗物质"概念相提并论。这不是一种微小效应。实际上，暗能量是宇宙最大的组成部分，压倒了其他一切事物。人们认为，暗能量应占据宇宙中所有物质/能量（记住，根据 $E = mc^2$ 公式，两者可以互换）的70%，远超普通物质和暗物质。但暗能量是一种斥力，它与引力不同，会让万物互相远离。它相当于反引力。

不幸的是，尽管这种效应非常宏大，但人类很难驯服它。即便可以驯服，单独一个虫洞附近的暗能量也很微小，暗能量的总量很大是基于整个宇宙的尺度审视的。事实上，我们并不知道暗能量是什么，也不知道是什么产生了暗能量，希望实际利用它的机会变得微妙。

但是，暗能量背后的宽泛概念给了我们一个利用反引力的线索。人们对暗能量的一种看法是，它是一种负能量。如果我们能让一部分空间变为暗能量状态，就能产生反引力。还记得狄拉克的负能量电子海吗？它产生了正电子和反物质的概念。负能量的概念对现代物理学而言并不陌生。

我们知道，物质粒子可以扭曲空间，因为它会产生引力作用。爱因斯坦的 $E = mc^2$ 方程告诉我们，任何物质都相当于正能量。公式中，质量是正的，c^2 是正的，所以与物质相关的能量也必须是正的。如果，我们拿走了一块空间里的所有物质，那么这块空间的能量应该为零；我们想要进一步拿走更多的东西，则会留下负能量。

今天，有很多产生负能量的方法。不仅是停留在理论阶段，现实中已有很多切实可行的实验支撑了这些方法。不过，所有的方法都存在一个重大缺陷。我们等会再看这个缺陷，先分析下负能量如何产生。最为人们熟知的方法是卡西米尔效应（Casimir effect），这是一种真空中的量子效应，源自不确定性原理。

我们介绍过，海森堡的不确定性原理是量子理论的核心原理之一。它指的是，对量子物体来说，有一些成对的性质无法同时准确了解。最有名的一对性质是动量和位置——你越了解一个粒子的位置，对它的动量就越不了解。如果我们完全掌握了这个粒子的位置，它的动量则可能是任意值。

不确定性原理同样也能应用在能量和时间这对性质上。如果我们在一段非常精确、短暂的时间段里详细检测一小块真空区域，那么我们必然会对这部分真空所含能量的多少非常模糊。当能量偶尔飙升至高水平时，它会暂时凭空制造出物质与反物质的粒子对。

人们认为这些粒子对会在黑洞附近产生霍金辐射。这些粒子目前尚未被人们观察到，因为它们会快速湮灭，还没能与任何物质产生相互作用就变回能量。尽管无法被观察，只能给它们定义为"虚"粒子（virtual particle），但它们真实存在。在某些情况下，它们可以彼此分离，或者其中一个粒子经历了反应，剩下的另一个粒子则可以被观察到。

另一种明显存在于真空的虚粒子是虚光子，虚光子被认为是电磁场的载体。同样的，通常我们观察不到这些粒子，但它们是电磁场能产生超距作用的机制。例如，正是虚光子在原子核与核外电子间的交换作用使电子固定在了原子中。由于虚粒子的短暂寿命和不确定性原理，虚粒子可以拥有正能量或负能量，这种正或负的可能性产生了卡西米尔效应。

卡西米尔效应首先由荷兰物理学家亨德里克·卡西米尔（Hendrik Casimir）提出，合作者还有德克·波尔德（Dirk Polder）。这一效应一般是在真空中两块金属平板靠得非常近时产生。如果两块平板之间靠得足够近（这种近指的是纳米级的距离），就会使平板间的虚粒子脱离限制。如果你将这些虚粒子看作波（对于量子化粒子而言永远是可能的），那么，只有能形成半波长、全波长（半波长的整数倍）的虚粒子才能出现在那里。所以，平板间的能量要低于平板外的能量，而平板外的净能量为零。结果就是，产生了一种将两个平板拉近的力，相当于负能量。

这恰好就是用金属制造纳米机器（小到不可见的机器人）非常困难的原因：当纳米尺度的机器人被制造出来时，卡西米尔效应会强到足以让零件粘在一起而失去功能。平板靠得越近，这种力就越大——但用这种方法产生足够大的负能量非常困难，即便用它的变化形式也只能产生非常少的负能量——将单独的一个反射板穿过真空。

卡西米尔效应有时候会被用来演示零点能（zero point energy）。零点能指一个量子系统的最小能量，实际上就是真空的能量。零点能常被人用作为永动机（一种能无中生有，产生免费能量的把戏）的基础。但它并无任何科学基础，因为根本没有办法获得"真空能"。

要从什么东西中获得能量，你需要"阱"（sink）的存在——即低能量处。举个简单的例子：我在山顶上放下一个球并松手，球会向下滚动，因为存在能量更低的阱（势能较低处）。如果四周每处地方的能量都与山顶一样或者更高，此时，球哪里也不会去。对于热力发动机来说，能阱一般是冷水的温度——想让热力发动机产生最大的效率，你需要让它的能阱尽量靠近绝对零度。需要强调的是，如果没有什么地方的能量比你的起点更低，你将无法获得能量。

为了驯服零点能，你需要一个比零点的能量更低的阱（它的定义是最小可获得能量）。所以，意图从零点能中获得免费能量是不可能的任务。

零点能还被一些伪科学的"治疗"方案所利用，比如："灵气治疗法"（Reiki）。这很容易让人怀疑，卡西米尔效应似乎也同样缺乏科学上的可信度。事实上，卡西米尔效应与零点能永动机大不相同。它是一种被广泛观察到的并具有良好支撑的现象，没人宣称它能在任何实践水平中产生可用的能量。

物理学家加来道雄想象了一种利用卡西米尔效应的时间旅行装置。加来道雄是弦理论和膜理论的领军人物，这一强大且具有高度推测性的科学认为，我们的现实世界是一种四维的膜，漂浮在一个更高维度的环境里。加来道雄是一位令人振奋的有趣的人物，他对文明未来将获得远高于现有水平的科技感到乐观。他确信，类似《星际迷航》那样的技术出现只是时间问题。

在讨论加来道雄描述的时间机器时，我们需要记住他人格特质中截然相反的两面：杰出的物理学家和科幻梦的狂热爱好者。他相信时间机器包括两个舱室，每个舱室都由一对相隔距离极小的同心球构成。为了准备时间旅行，两个舱室需要"挂"上一个虫洞，使彼此连接（这个要求的难度可不小）。此外，还需要一种在两个舱室间构建时间差异的技术，我们将在随后介绍。

然后是应用卡西米尔效应。珍妮·兰德尔斯（Jenny Randles）重述过加来道雄的理论：接下来给两个球体接上高电压，以某种方式制造出强大的卡西米尔效应。她说，巧妙之处在于"产生足够大的电磁力，在两者间诱导出大规模的电场"。兰德尔斯提出两块金属板必须允许尽量多的"能量场"在两者间传递，或许使用一个超导体能够实现这一点。

她说，接下来，这台机器"必须"扭曲时空以在两个舱室间创造出虫洞，并通过卡西米尔效应稳定虫洞。但这可能涉及到另外一种理论，加来道雄自己并未这样说过。加来道雄只是说卡西米尔效应是通过"内爆外层同心球"来建立的，他也没说要使用电磁力制造虫洞，他说的是从时空泡沫（space–time foam）中捕获一个虫洞。或许，兰德尔斯心里想的是使用电场制造时空泡沫。就这些相关细节，我亲口询问过加来道雄。他指出，内爆很关键，因为卡西米尔效应与同心球间距的四次方的倒数成正比。

这意味着随着距离变得越来越小，负能量可达到一个极高的峰值。例如，如果你将间隙减少到之前的百分之一，负能量会增加 1 亿倍。内爆外层同心球似乎会引发间隙非常迅速地关闭，这可不是一个容易做到的选项。但如果你能在极短的时间内使爆炸发生得非常均匀，间隙会小到无法测量，负能量则会变得无穷大。

加来道雄的时间机器就在这个时刻激活，时间旅行者开始旅行，他在负能量短暂维持虫洞开启的时间内穿过虫洞。在这种程度的能量激增下，旅行者有足够的时间穿越虫洞。不过在负能量达到峰值的那一瞬间，他没有办法穿过去。

这个理论还有一个关键的问题。在旅行者穿过之前，虫洞必须要在时间差异产生时保持稳定，这可能会花费数年的时间。所有证据都表明，虫洞天然倾向于崩溃，需要一直维持稳定非常困难。可能加来道雄得出的是这个结论：当他告诉我细节时，他差不多忽略了内爆的概念。

相反，他指出，为了提供足够的负能量以利用卡西米尔效应稳定虫洞，内外层同心球的间隔距离必须特别小——或许是普朗克长度的量级。普朗克长度在量子理论中是非常特别的长度，我们在讲述时间本质时提到过这一概念，这个概念或许是现实世界的核心。

普朗克长度大约为 1.6×10^{-35} 米。它的计算只需要三个基本常数：光速、普朗克常数和引力常数。普朗克常数涉及光子能量与光子频率（当其被当成波对待时）之间的关系。（准确地说，普朗克长度实际上取决于"约简的普朗克常量"，等于普朗克常量除以 2π。）引力常数最先出现在牛顿的引力定律里，它描述的是两个物体的质量、距离和它们之间的引力关系。

有人曾推测普朗克长度代表了宇宙的"颗粒度"，低于此长度再无意义，我们就生存在这样一个以此水平为"像素"的数位世界里。在这个水平上，有关距离的常规概念不复存在，因为量子效应变得越来越显著。如果加来道雄是正确的，那么，制造这种尺寸的稳定间隙需要远超现有水平的工程技术。正如加来道雄自己所说，"这种机器应由一种非常先进的文明使用，而不是我们。"

如果说，卡西米尔效应不能产生稳定虫洞所需的负能量，我们还有另一个方法——使用激光脉冲。将一道激光脉冲射入一个设计合理的水晶中，水晶的两端都能反射光并形成一个空腔。光子会在空腔中共振（很像风琴管的发声方式）并产生一种包含成对的低频脉冲的压缩相干态（squeezed coherent state），这对低频脉冲的其中之一是正能量，另一个是负能量。没有人实现过，但如果负能量脉冲可被分离（这可不是小任务，因为脉冲通常只有千万亿分之一秒的长度），就能产生负能量流。

如果你能构建一个非常小的黑洞，可以把它当作某种负能量放大器。前面介绍过霍金辐射，霍金辐射相当于正能量从黑洞中流出，同时负能量流进黑洞。黑洞的半径越小，负能量流就越大。如果你可以从这种压缩的激光脉冲中发射一股负能量至微型黑洞，或许能打开一个虫洞，负能量的流入拓宽了入口并稳定了虫洞。

到现在，我们的大部分工作快完成了。如果我们掌控了一个合适的虫洞（或者构建一个），且可用负能量稳定住它，使其宽到足以容身。那么，我们的时间旅行就快成功了，我们只需要在虫洞两端构建时间差异。

要确保成功，一种办法是在虫洞的两端构建有差异的狭义相对论效应。这种方法假设我们可以将虫洞的一端搬来搬去。为了实现这点，我们在虫洞规模尚小时，向其发射电子或其他带电粒子（一般而言，带电荷的量子粒子更容易被操控）。我们利用电荷保持虫洞近端的稳定，同时使用某种加速器将虫洞的远端搬来搬去。

加速器是虫洞时间旅行或许会用得着的技术。今天，最著名的加速器可能是瑞士日内瓦欧洲核子研究组织的大型强子对撞机。所有加速器的基础运行原理都一样：陆续开启一系列大型电磁铁以推动一个带电粒子。一般，线性加速器沿直线加速粒子，这里我们摆弄虫洞所需的加速器会让粒子绕着环运动。在大型强子对撞机中，这个环十分巨大，是一个84千米长的管道。当粒子绕这个环运动时，它们会被持续加速，直至越来越接近光速。

如果我们让一个物体以接近光速的速度绕着这个环运动，就会产生显著的相对论效应。假想将一个虫洞的带电荷远端放进一个加速器中，一次又一次地给它加速，从而构建出它与虫洞另一端的时间差异。如果这个过程是在虫洞尚小时进行，那么，要在虫洞两端产生不错的时间移位相对容易做到。

像大型强子对撞机这样的加速器还有潜力制造出虫洞。如果我们无法在太空中找到一个适合操控的虫洞，我们可以自己制造一个。如果负能量的膨胀力量能产生影响，自造的虫洞或许更易于受控制，因为它的初期可以非常小。人们推测，大型强子对撞机可以产生微型黑洞，这种黑洞可以被操控；但也有人提出，大型强子对撞机能产生完整的虫洞，其产生概率与微型黑洞并无差异。

　　根据莫斯科斯特克洛夫数学研究所（Steklov Mathematical Institute）和列贝德夫物理研究所（Lebedev Physics Institute）的数学家们的研究，大型强子对撞机中发生的一些极端正面对撞事件可能会制造出局部的冲击波，这些冲击波对时空的扭曲足以制造时空裂缝，致使一个微型虫洞突然产生。这种可能性基于引力的量子本质理论。事实上，这种理论还未完全成形，只能说是一种具有高度推测性的概念，它非常有趣。

　　如果俄罗斯人的理论是正确的，这种虫洞应该一直在自然、短暂地出现——例如，宇宙射线与物质的撞击一直发生着——只是我们无法将它们保留下来。这就是时空泡沫理论，在高能事件的压力下，时空就像一种泡沫。在这种泡沫中，所有的量子效应行为（包括迷你虫洞）都在不断地、短暂地发生，之后消失。

　　基普·索恩将这种量子泡沫形容为"随机概率性泡沫"，它被设想是奇点附近的时空性质（例如黑洞中的奇点），它也可以通过高能撞击产生。如果微型虫洞能在大型强子对撞机里产生（一开始，我们只能看到虫洞崩溃时产生的粒子），那么使用奇异负能量稳定住它们，将它们转移到太空中，并使用它们进行时间旅行，将成为可能。

　　除了利用加速器，另一种在虫洞两端产生时间差异的方法，需要用到常规的孪生子悖论旅行方式：将虫洞的远端放在一艘太空飞船上以光速发射出去一段时间，然后将其带回地球。假设这段旅程从飞行员的视角看需要 1 年，从地球的视角看需要 20 年，那么飞船会在发射 20 年后着陆。从虫洞的"地球"端透过虫洞观察，我们看到的是旅程开始 1 年后的情景。如果飞船在 2050 年发射，在 1 年后的 2051 年，地球端的观察者透过虫洞会看到飞船未来回到地球上的情景——但这一情景其实发生在 2070 年。

　　还有一种在虫洞两端产生时间差异的方法，即利用广义相对论。我们介绍过，广义相对论认为，质量弯曲时空（不仅是空间，还有时间）。靠近一个重物时，你的时钟会变慢。事实上，摩天大楼也能测量到这种效应，大楼顶部和底部的时钟速度会出现细微的差异，而 GPS 卫星上的效应则更为明显。我们介绍过，卫星一天的时间比地面多约 46 微秒——因为卫星的时钟比地面上的时钟更快（并非卫星上的时钟有问题，而是卫星上的时间原本走得更快）。

地球的引力产生了这种效应，如果你能使引力效应变得足够大，你就能回到足够远的过去。我们介绍过，在理论上，一颗中子星（高度塌缩的恒星，但还不足以变成黑洞）能产生足够强的引力牵引作用，可被用以作为前往未来的时间机器。这里，我们可使中子星作为虫洞一端的时间引擎，产生允许我们回到过去的时间差异。

与之前一样，我们必须将虫洞的一端固定在起点，将另一端拖到一颗中子星那里。中子星处的虫洞一端的时间会逐渐与另一端的时间不同步。虫洞变成了穿越时间的门户。

我们假设这颗中子星与固定在地球附近的虫洞一端相距甚远。但通过虫洞，这段距离将变得非常近。因为引力效应的差异，两端能建立巨大的时间差异。至少，从虫洞外看是如此。如果你透过虫洞去看，地球的入口与中子星只有几米远。你看到的时间相同与否取决于你是透过虫洞去看，还是透过正常空间去看。

这意味着，与那个狭义相对论的例子一样：踏上一段循环穿过虫洞的旅程（穿过虫洞，从正常空间返回，如此反复），你就能回到过去，逆转旅程方向，你就能前往未来。这种虫洞旅行装置是少数的可以像经典科幻时间机器那样进行双向旅行的例子。

不幸的是，这种虫洞时间机器就像所有真实的时间旅行技术一样，缺乏典型科幻小说装置的那种灵活性。在科幻作品中，我们看到人们在表盘上可设定目的时间，拉动操纵杆就能从时间之河的 A 传送到 B。我们的"真实"时间机器更像铁路——使用这种机器，你无法选择时间，你只能预先设定好目的地，沿着时间差异设定的"铁轨"前进。

只要机器保持运转，就能用同一个虫洞作多次旅行。如果你像上例那样，从 2051 年旅行到 2070 年，你大可以再以 2070 年为出发点前往 2089 年。只要机器保持运转，你就能一直以这样的时间跨度往前跳跃。

不过，如果调转方向向回旅行，你无法回到 2051 年之前。

使用广义相对论时间机器，你要在时间差异建立起之后将虫洞的远端拖离中子星，这样在穿越时不会因为离中子星太近而受到伤害。这会缩短虫洞的外部长度，但对于穿过虫洞所需的距离长度并无影响。

虽然你已让虫洞的两端相距以光年计，但让穿越虫洞所需的距离保持不变是可能的。想象一个横倒的时空 U 形环结构（很像一条环形丝带），有一个虫洞在时空的"折叠"处连接上下两边。你可以让时空向外滑动以保持虫洞位置不变，使环越来越长。那么，沿着环的划线距离（正常空间里虫洞两端的距离）可以增加或减少，但虫洞的长度保持不变。

虫洞技术依赖的仍然是推测性的理论——例如，我们不知道向微型虫洞发射负能量脉冲能否稳定它，我们也不能确定大型强子对撞机是否会创造出微型虫洞或其本身在空间中就是"野生"的。同时，虫洞技术的实现还需要复杂到不可思议的工程能力。例如，广义相对论虫洞装置就需要我们找到一颗中子星，并将虫洞的一端拖到诸多光年之外的太空。

我们介绍过，最近的中子星大约距离我们 250 光年远。目前，我们最快的太空飞船需要航行大约 400 万年时间才能抵达——这显然不切实际。我们要强调的是：尽管可行性不大，但它仍是一种理论上可能的时间机器建造机制，没有物理定律能排除这种可能性。

有人说，使用狭义或广义相对论建立虫洞两端时间差异是唯一能利用虫洞回到过去的方法。（至少是唯一可控的方法。原则上，一个充当时空桥的虫洞可以连接时间上随机选择的两点。）在《迷宫中的奶牛》（*Cows in the Maze*）一书中，数学家伊恩·斯图尔特（Ian Stewart）说，为了可利用虫洞回到过去，有必要以接近光速的速度将虫洞的一端四处挥舞。

我曾请求斯图尔特讲得更清楚点，他说，"时间旅行取决于虫洞两端时间框架的匹配程度，而这牵涉了一系列假设。常见的一个假设是，在其中一端的参照系中，两端时间同步——如果我们穿越虫洞抵达了半人马座阿尔法星（Alpha Centauri），穿越之前地球上同时发射了一个光信号，我们需要在阿尔法星等待 4.5 年时间才能看到这个信号。同样，穿过虫洞回归地球也会产生类似效应，就像你之前从未出门一样，所以没有发生时间旅行"。

不止一人（包括史蒂芬·霍金）驳斥过这种观点。在《时间简史》中，霍金明确指出，超光速运动可让人拥有回到过去的能力。有趣的是，他也用了地球和半人马座阿尔法星之间的旅行作例子。他想象，"有一段信息通过一个虫洞从地球发往半人马座阿尔法星的议会，信息为地球上的一次比赛结果。但之后，一个从阿尔法星前往地球的观察者也应该能找到另一个虫洞，使自己在地球的比赛开始之前回到地球。所以，虫洞提供了一种可能的超光速形式，允许人们回到过去"。

之后，霍金还提出，虫洞可能永远无法稳定足够长的时间，他给出的理由是反馈效应。我们都很熟悉麦克风太靠近扬声器时会产生的正反馈效应。声音不管有多小，被麦克风拾取后都会被扬声器放得更大。这种被放大的声音再次被麦克风拾取，并再次被扬声器放大——产生了人们熟悉的尖锐长啸。

霍金提出，类似的事情也会发生在虫洞身上。天然辐射可以穿过虫洞，这是有道理的。他接着提出，这些辐射会回到起点，重新进入虫洞，从而进入一个增强回路，产生"强到足以毁灭虫洞"的循环。

史蒂芬·霍金注意到了物理学家罗伯特·杰勒西（Robert Geroch）和罗伯特·沃尔德（Robert Wald）在 1988 年向基普·索恩发起的一个挑战。当时，索恩正研究虫洞和时间旅行的理论。杰勒西和沃尔德提出，电磁辐射会穿过时间旅行的虫洞，在更早的时间出现。接着，电磁辐射可能以光速回到进入点与自身合并，并再次穿过虫洞，就像扬声器的声反馈现象一样被无限放大。

在那个将虫洞远端以高速移来移去以产生时间差异的版本中，你还会得到多普勒效应（Doppler effect）——如果光源运动，光速不变，但能量可变。这种运动会导致高能量的（越来越高）电磁辐射反复加入这个循环。因为能量像物质一样会扭曲时空，这种急速增强的电磁束会大规模弯曲虫洞内的时空，毁掉这座时空之桥。

这些物理学家似乎并未注意到声音与光之间存在一个基本差别。声反馈即使在麦克风没有指向扬声器时也能产生，因为发自扬声器的声音即使是麦克风背对扬声器的时候也能被拾取（声强减弱）。在虫洞的例子中，虫洞的两端开口方向相反，难道这不足以确定从虫洞一端洞口进入的电磁辐射会射向与另一洞口相反的方向吗？

想驳倒索恩的物理学家们对此已有准备。对他们来说，这并不是问题，因为我们想象的虫洞入口和出口是错的。它们不是空间中的二维洞口，而是三维的。虫洞的端口扭曲时空，使其像花那样绽放，向外弯曲成一条曲线，这样它就能接收到发自另一端的电磁辐射。

索恩很快想出了反驳办法。虫洞为保持开放，需要奇异物质从中穿过，这些奇异物质能将电磁辐射在远端分散。光子不会以紧密的光束形式运动，而是射向各个方向，变得越来越分散。只有极小部分的光子会回到时间旅行虫洞的入口，而这些光子不足以产生反馈循环。

不过，这一针对虫洞会自我崩塌的辩驳还不足以让索恩脱身。另一位物理学家比尔·希斯科克（Bill Hiscock）告诉他，电磁辐射并不是这个系统中的唯一缺陷。电磁真空涨落（electromagnetic vaccum fluctuations）也可能发生同样的反馈效应，这种真空电磁能的微小量子变异发生在虚粒子生灭的时候。

索恩起初认为，可以像辩护电磁辐射会毁灭虫洞那样作辩护——奇异物质会让这种量子变异散焦，将其发射到所有方向。不过，虫洞的"出口"会分散这种涨落，"入口"又会重新聚焦。所以，真空涨落的能量会逐渐变为无穷大，从而毁掉虫洞。

经过大量计算，索恩和一个同事确定这并不是问题。他们相信，首次建立时间旅行时，量子变异激增的发生时间极为短暂，不会有时间毁灭虫洞——几乎瞬间，这种变异就会消散。史蒂芬·霍金不同意这个说法，他相信，相对论效应会导致它存在的时间足够长并使虫洞被毁灭。

　　不管索恩和霍金谁对谁错，这似乎都并非最难的问题。与制造虫洞时间机器时必须克服的其他现实困难相比，反馈效应看上去并非不可逾越。

　　如果我们确实能构建出一个虫洞时间旅行装置，与其他依赖相对论的时间机器一样，我们均会无可避免地遇到一个限制——没法回到该装置被首次创造出来之前的时间。实际上，我们可以回溯的最早时间要远晚于此，因为接近这个限制意味着接近光速，这非常不现实。

　　与旋转的中子星圆柱体相似，操控虫洞涉及到的科技离我们似乎更遥远，遥远到在未来100年或更长时间或许都难以出现。毕竟，它要求我们必须找到或自制一个虫洞，将这种可能性变为现实，远超我们今天所掌握的技术。找到虫洞后，我们还要竭尽所能地扩大它、稳定它，并建立时间差异，这样才能穿过它进行时间旅行。

　　虽然上述技术并非不能实现，但要实现它们，还有许多巨大的困难需要克服。这些困难远超我们的想象，或许我们在数千年之内都无法拥有这些技术。与此同时，一个人站了出来，他提出我们不必冒险进入太空，也不必一定要对付像虫洞那样棘手（甚至只是想象）的问题，我们能在桌面上驯服时间。

12 马利特机器

> 从那时起，我的追求就是让自己做好准备。这样，有一天，我将能设计一台机器，将我带回到 1955 年 5 月 22 日之前的时间。我想再次见到我的父亲。
>
> ——罗纳德·马利特（Ronald Mallett），《时间旅行者》（*The Time Traveler*）（2006）

你很难在电影里的科学家和真实世界里的科学家之间找到共同点。你在现实大学里遇见的科学家和普通人并无区别。也许他们在谈论事物时用语通常更精确一些，比普通人更极客一些，但他们绝不会表现得像个怪人。

与之相反，电影角色里的科学家很少是正常人，大多数电影里的科学家都被某种极端欲望所驱使。或许他们想统治世界；或许他们的兄弟死于癌症，他们拼命地希望找到疗法。他们工作生活中的一切事情（他们除了工作也很少会干别的）都是为了让他们更接近梦想。这里为大家展示一个经典的电影场景，"罗纳德的父亲在他年幼时候就去世了，对此他耿耿于怀。他毕生的追求是能再次见到自己的父亲，与父亲说说话。这驱使罗纳德成为了科学家，他决定发明一种时间机器"。这个故事听上去非常不靠谱，却是康涅狄格大学（University of Connecticut）的罗纳德·马利特教授的真实人生。

1955 年，罗纳德·马利特只有 10 岁，他的父亲就去世了。热爱摆弄小科技装置的老马利特对儿子有着巨大的影响。他的去世带来的后果远不止他的家庭失去了一个关键成员，还致使家庭收入灾难性锐减。罗纳德也永远失去了父亲在成长过程中的引导和激励，他的父亲曾制作过一个声控的玩具火车，这种技术在当时简直就像魔法。

两年后，罗纳德在宾夕法尼亚州过着难受的新生活。在这里，黑人的身份变成了耻辱，他在纽约布朗克斯区（Bronx）从未体验过这样的种族歧视。一天，他偶然读了一本漫画书，讲述的故事恰好是本书开头的那本经典小说：威尔斯的《时间机器》。

这个故事给小男孩展现了一个全新的概念。故事似乎是在说，我们能像穿越空间一样穿越时间，前提是你能制造出正确的架构。罗纳德使用了父亲的工具和地下室的物品，想重造漫画书里展示的那台机器。他全力以赴也未能成功，但他并未气馁。这件事激发了他的灵感，他发现了支撑那本漫画书介绍的时间旅行背后的科学原理。他想回到 1955 年，提醒他的父亲去看医生，他想再次见到他。

年轻的罗纳德最初只是被科幻作品激发了灵感，最终他还是走向了能支持他实现愿望的真实科学。我们介绍过，爱因斯坦的相对论证明了光速是一个常量。罗纳德意识到，相对论提供了一种时间旅行的方法。可是，直接利用相对论的时间膨胀效应只能让你前往未来，不能回到过去，他的梦想是回到 1955 年。显然，这需要超光速旅行才能做到，但科学已给这件事打上了不可能的标签，或许需要其他能绕开时间屏障的办法。马利特继续搜寻实现梦想的方法。

马利特在空军服役过很短的时间，操作过早期的电子计算机，他在 1973 年回到大学，在宾州州立大学（Penn State University）获得了物理学博士学位，博士论文研究的是爱因斯坦的广义相对论在宇宙学上的一个应用。并不意外，他的博士论文研究的是德·西特（de Sitter）宇宙（一种特殊类型的空间弯曲宇宙）中的时间逆转。尽管这种"时间逆转"

准确来说并非时间旅行，而是研究当时间变量逆转后运动方程会如何变化，但这一研究已足以让马利特感觉到，这是对自己心智工具库的一个有益补充。

他在工业界工作了几年，那段时间他第一次接触了激光（这一工作后来证明富有价值）。后来，他到康涅狄格大学担任了物理学助理教授，研究广义相对论。马利特知道，广义相对论证明时间会在引力影响下变慢，他认为通过这点存在某种机会能发展出一种能让时间机器成真的理论。他小心地不在同事面前提及此事，避免人家以为他疯了。维持良好形象非常重要，因为助理教授并非终身职位，随时可以被解雇。在自己的真实意图暴露前，他需要在通往终身职位的学术阶梯上继续攀登。

在康涅狄格的第二年，马利特接触到了旋转黑洞可作为潜在时间机器的理论。他还了解到，质量非常大的物体会对时空产生一种被称为参考系拖拽（或惯性系拖拽）的效应。我们在范施托库姆和提普勒的巨型假想圆柱体中提到过这种效应。这种效应不同于描述引力与卷曲空间关系的橡皮床单－保龄球模型——保龄球会在"空间"中制造一个静止的"凹陷"；而旋转的物体会制造出一个漩涡状的凹陷，就像水流入下水道时形成的漩涡。

旋转黑洞具有两种假定性质：参考系拖拽效应和可作为时空大门的能力。马利特想知道这两种性质之间是否存在联系。他继续研究相对论和黑洞，这个想法挥之不去，但他苦于找不到突破点。毕竟，知道旋转黑洞可触发参考系拖拽效应并产生时间旅行的机制不是关键，关键在于如何将黑洞弄到手。

直到1998年，马利特才注意到广义相对论中有一个非常重要的模糊之处。我们一般认为，有质量的物体才能产生引力场，但广义相对论指出光也能产生引力场。起初，人们认为这点无关紧要，毕竟没人能制造出一束致密的光并旋转它使其产生参考系拖拽效应。不过，马利特对此不能苟同。

工程师的经历告诉马利特，有一种设备恰好能产生致密的旋转光束，那就是环形激光器（ring laser）。（环形激光器最普遍的形式是：激光束遍历一个正方形的四条边，进入一块半镀银的镜子，然后通过四面成角度的镜子反射，保持在一个紧密的环路里传输。）经过数天的艰辛计算，马利特得出结论：环形激光器可以产生参考系拖拽效应，有可能形成封闭类时间环路，即通往过去的门户。他的研究结果发表在2000年。当时，他并未提到时间旅行，但马利特向自己的梦想已迈出了一大步。

接下来的事情就没那么容易了。马利特纠缠在了爱因斯坦广义相对论复杂的方程式中——因为他要证明参考系拖拽效应能同时应用在时间和空间上，就必须获得一个特殊解。他摆弄了两束光，使其向不同的方向运动，这或许简化了数学过程，但最后发现这两束光产生的参考系拖拽效应可能会彼此抵消。

所以，马利特思考了另外一种环形激光器，与之前那种简单的四面镜子反射的环形激光器不同。他设想，利用光纤约束激光束，这样激光的循环传播会更平滑，且可诱导其形成漩涡以增强这种效应。一位同事建议，将这种效应应用到一束正穿过漩涡中心的中子上，而不是马利特最初设想的单个中子。

这听起来似乎像一个真正的实验了。但马利特是位理论物理学家，他清楚自己没有技术或资源建造一个合适的实验装置。所以，他希望能先解决与此相关的数学问题，证明自己的想法能够实现。好几个月里，他夜以继日地攻克以复杂闻名的引力场方程，引力场方程看起来非常简单，只用单独一行公式写就，但这行数学公式里隐藏了多个层面的复杂问题，需要用到被称作张量（tensor）的多维实体。

最后，他构建了一个完美的光漩涡简化模型，光纤不涉及反射，从而成功获得了一个特殊解。引力场方程预测，如果参考系拖拽效应足够强，就能产生时间的逆向运动。

原则上，马利特找到了时间机器的机制。这种时间机器不但能传送信息，还能制造一个穿越时间的物理隧道。但是，这种设计还存在一个缺陷，至少对马利特想要发明的真正的时间机器而言是存在缺陷的。

利用参考系拖拽效应操控时空存在时间限制。随着时间机器持续运行，它连接的时空就像被锚定了一样。原则上，这台机器运行 1 年后，它能回到 1 年之前的时间，这也是最远时间。就像所有基于相对论的时间旅行方式一样，马利特的理论同样没法回到机器开启之前的时间。这种方法不允许他回到过去与父亲对话。

尽管马利特是一位理论学家，但他还是希望能建造他的参考系拖拽装置。他与实验学家钱德拉·罗伊乔杜里（Chandra Roychoudhuri）合作，证明空间方面的参考系拖拽效应确实存在——与对时间的影响相比，确定参考系拖拽效应对空间的影响，只需要检测一种弱得多的效应。正如马利特所指，你需要参考系拖拽效应制造出封闭类时间环路实现时间旅行，如果你无法用实验产生参考系拖拽效应的话，接下来的一切无从谈起。

做实验时几乎总是这样，实验者必须在原来的理论概念上做一些修改才能继续下去，制造出光漩涡可不容易。马利特和罗伊乔杜里回到了原来的想法，将一束激光围绕一个正方形传输（事实上，他们做了修改，使用了四束激光，而不是一束），然后将这种设计扩展，用这种环状激光器堆成了一整座塔（总计超过 2 000 个），目的是将这种效应放大到可被检测的程度。接下来，他们将一个粒子（光子和中子都被考虑过）从上至下穿过中心，观察光漩如何影响这个粒子的性质。

在布鲁斯·亨德森（Bruce Henderson）所著的《时间旅行者》（*The Time Traveler*）一书里，罗纳德·马利特感人地自述了自己的生活和工作。我在那本书出版的 5 年后联系过马利特，马利特的情况并不乐观。他的实验合作者名单里增加了宾夕法尼亚州立大学光电中心（Penn State Electro – Optics Center），他仍在申请科研经费。他还需要 100 万美元的研究启动资金，总计需要 1 000 万美元才能完成研究。

如果实验能持续进行，他希望能首先证明物理性的参考系拖拽效应确实存在，之后再证明低等级的时间旅行可行。这一点，可用发送衰变粒子通过该装置进行测试。如果衰变时间延长，说明粒子的时间减慢了。自然世界中也有一种类似现象，产生于上层大气的介子会因相对论经历时间膨胀效应。

介子是由于宇宙射线（来自深空的高能粒子）撞击上层大气而产生的。介子的寿命非常短，很少有介子能抵达地平面。因为介子的速度非常快，所以狭义相对论会发挥作用。由于这种相对速度，介子的时间要显著地减慢，大约会4/5，结果人们在地面上检测到了它。

只有完成第二步的测试，马利特才能在可测的规模上设想真实的时间旅行。因为这个实验要求配备非常昂贵的设备，有必要循序渐进地检测以验证整个方法。如果第一步成功不了，他就没法获得后续经费。还有一点，马利特2010年就满了60岁，他很可能在第一步成功之前就退休。如果实验前期能获得阳性结果，他的合作者还能继续坚持下去，不管马利特是否还能参与。

其他的一些物理学家提出，马利特时间机器的理论基础存在一些问题。他们指出，他计算参考系拖拽效应使用的方法与真正的实验设计略有不同。在理论推导时，他使用了"线源"（line source）。线源是一种非现实的概念，它卷曲时空的方式在真实实验中不可见，他们将其称为"病态时空"（pathological space－time）。发出质疑声的科学家们还提出，通过参考系拖拽效应产生可检测的影响需要的能量远超实验所使用的激光能提供的能量，马利特尚不能对此作出完全解释。但马利特的理论还是存有希望，值得引入到实验阶段。

如果你还记得，本章开篇时我们将马利特的故事与一个电影剧本相关联，那么，下面这个消息应该不会令你感到惊讶。我听罗纳德·马利特说，斯派克·李（Spike Lee）选中了他的故事，且他已获得了电影版权，准备将马利特努力与父亲重聚的故事改编为电影正片。这一消息表明，这个故事的人文意义与科学意义一样重大。不过，很难想象，好莱坞版本的马利特会像真实的他那样，在研究工作中卡壳，不上不下。

如果马利特的书里列出的进度表可信，下面这点不免让人惊讶：罗纳德·马利特很晚才发现，他的装置如同所有依赖相对论的时间机器，无法回到比机器首次制造之前更早的时间。这种非常基础的现象，马利特居然很久之后才意识到，似乎不合逻辑。同时，这也意味着，他永远不能使用这种装置拜访自己的父亲。考虑到时间旅行产生的某些悖论，可能事实本应如此。

13 杀死祖父悖论

（运动的）第三个争议是这样一种效应：飞着的箭是静止不动的。得出这一结论的前提是，假设时间是由一个个时刻组成。如果这个假设不成立，那么结论也不成立。

——芝诺（公元前490—公元前425年），引自亚里士多德的《物理学》

如果时间旅行真的可行，它能径直将我们带到一个悖论的世界。通常，"悖论"这个词暗指某些听起来可能而实际不可能的事情。但，悖论并不等同于不可能，它只是指某些事情看似不可思议，实则与规则并无冲突。

有些事情似乎是真的不可能。以一个古老的问题举例：如果一个不可抗拒的力施加到一个不可移动的物体上会如何？这是一种谬论，但并非真正的悖论——因为世界上根本没有不可抗拒的力和不可移动的物体。一个力要不可抗拒，必须无穷大；一个物体要不可移动，必须被无限强大的场固定在某个绝对物体上。事实上，并没有绝对空间，更没有无限强大的场。

还有一些简单的、逻辑不一致的论点是非真的，如：你无法让一个杯子同时空和满。除非你偷换概念，如：一个未装啤酒的杯子里充满了空气。实际上，"空"杯子通常指充满了空气。准确的说法应该是：一个杯子里无法同时塞满原子且是真空。

我们在物理学中必须要小心对待这样的观点。量子物理学的基本常识就是，一个粒子可以同时处于一种以上的状态，或者同时在一个以上的位置。量子化物体似乎可以违反逻辑一致性，这是因为我们假设粒子的位置是一种绝对性质，某个物体不在这里就一定在那里。所有的证据都表明，至少在量子水平，位置的概念并非绝对。

悖论异于逻辑上的不可能。我们暂时抛开时间旅行的话题，到定义更明确的数学世界看看。在数学这个无限的世界里，会突然出现许多的矛盾实体。一个好例子就是，通常被人们称为"加百列号角"的结构。这是一种非常简单的三维形状，由"$y = \frac{1}{x}$（$x > 1$）"绕 x 轴旋转得到，图像的展开就像车床加工物体一样。

它的形状像一个又长又直的狩猎号角（或是无帽檐的巫师帽子），尖端会越来越小直至无穷。尽管它的长度无限，但体积却是有限的。这并不是什么惊讶的事，它反映了无穷数列的性质，如，$1 + 1/2 + 1/4 + 1/8$……直至无穷——它们的长度无限，但数列和为有限值 2。与此相似，加百列号角的体积是"pi（π）"，即 3. 14159……

你也许会问，"pi（π）什么？"这取决于 $y = \frac{1}{x}$ 里的 x 使用的是什么单位。如果 1 代表 1 米，就是 pi 立方米；如果 1 代表 1 英寸，就是 pi 立方英寸。

"加百列号角"很有趣，虽然它的体积有限，可表面积却能无穷大。思考一下，只需要 pi（π）单位的颜料就能填满整个号角。但如果你想要涂满号角的表面，无论你用多少颜料也无法完全做到。这就是悖论。

称它为悖论，是因为它看上去非常不可思议，但在数学上却是真。在数学结构内，号角的矛盾本质是不容置疑的。为了避免这个问题给你带来烦恼，我告诉你，这在物理学上是另一回事。按照常识，这个号角在趋向于无穷时会变得越来越狭窄。不久后（在处理无穷时，任何一个特定数字都是不久后），号角会变得非常薄，以至于你连一个分子的颜料也涂不上去（分子太大）。因此，在物理上你无法做到涂色。

一旦我们实现了时间旅行，那么一连串的悖论就会从中跳出。这并非指时间旅行不可能，只是它们确实是纯粹的悖论。如果我们顺着它们的思路，不免会停下来思考一番。例如，一种想法认为，时间旅行能让我们无中生有。这个"有"并非指能量或物质等模糊的东西，而是具有结构和内容的真实物体或信息。这种能力有时候被称为"闭合的因果循环"（closed causal loop）。

这种现象会导致发生什么事情？想一想你最喜欢的某首音乐作品。如能实现时间旅行，我们可以让这首音乐作品自我制造，像幽灵一样，未经谱写就突然出现在世上。假设你的最爱是，拉威尔（Ravel）的《悼念公主的帕凡舞曲》（*Pavane pour une infante défunte*）。你从网站上下载了这首钢琴曲的乐谱并打印了出来（该曲子的钢琴版先于交响曲版出世）。之后，你匆匆地将乐谱带回 1899 年的法国巴黎音乐学院（Paris Conservatoire）。拉威尔当时正在加布里埃尔·福雷（Gabriel Fauré）门下学习，你将这首偶然得到的乐谱塞到了他的门缝下面。

拉威尔发现了乐谱，他先是惊叹了乐谱精美的打印质量，然后开始在脑海里演奏这首曲子。"真棒"，他心里想。他的作曲课正好需要交一首曲子，他还什么都没有准备呢。或许，他昨晚去市区玩了一晚，没做作业。所以他快速手抄了一遍曲子，上交给了音乐学院的导师。

此刻，《悼念公主的帕凡舞曲》就变成了一个幽灵，一首人类从未谱写过的乐曲。拉威尔没写这首曲子，他只是抄了你给的版本。你也没写这首曲子，这是从互联网上下载得来。不论是谁将它放到了互联网上，也是复制得来的曲子，不过最早的版本可追溯到拉威尔的手写"原稿"。这是个无始无终的时间循环，也是一个悖论，它与"加百列号角"有许多共同点，不同于不可移动的物体或同时满和空的杯子。简单说，这个循环一旦确立，这首曲子将无人谱写。对此一种较好的解释或许是，在一个平行世界里，另一个拉威尔在这个循环形成之前写了这首曲子。但是这里没有任何疑点让我们从逻辑上怀疑这是一个谬论。

你也许会争辩，这样一个循环在物理上不具有可能性，因为它违反了热力学第二定律。一首乐曲的熵低于一段随机音符，当这首乐曲被加入我们宇宙时，宇宙的熵减少了却没有伴随能量的消耗。实际上，这个循环首先需要我们将这首乐曲带回过去，这个动作耗费的能量已足以弥补熵的减少。

这个例子的另一个问题是，时间机器在拉威尔的时代并不存在（据我们所知），而所有的依靠相对论存在的时间旅行机制都否定了我们能回到 1899 年。不过，我们选择另外一些合适的音乐（或者书籍，或者你想带入时间循环的任何原创作品）可以绕开这个问题。只要这个作品初创于时间机器制造之后，我们就能做到。

这种机制只对人工制品有效，且这一人工制品必须在建立这种时间循环之前已被创造。例如，如果你想使用这种机制为你最喜欢的小说创作一个续集，只有在续集已被写出来之后才能做到。与此相似的是，你无法用这种方法创造出一个便携式核动力发电机，因为便携式核动力发电机在今天并不存在。你只能将这种技术应用到现有的事物上，且在时间机器的有效范围之内。

前例中还存在一个麻烦。如果拉威尔看到这首乐曲却不喜欢，或者因为原则性太强（或太害怕）顾忌这是剽窃别人作品的行为，怎么办？如果你认同时间的"发展形成论，以下这样的情况则有可能发生——当你回到未来，发现拉威尔不再是《悼念公主的帕凡舞曲》的作者。你毁掉了自己最喜欢的音乐，或者它由他人谱写，或者它根本不存在。

但在"整块宇宙论"的世界中，这样的事情不会发生。因为这首曲子已在未来存在，拉威尔必须谱写它……在这种情况下，要么他抄了你给他的打印品；要么他并未检查自己的门缝，只是恰好自己创作了一首完全相同的乐曲。这听上去似乎不太可能，但并非完全不可能。毕竟，原来的版本就是拉威尔在当时创作的，所以他无需你的帮助也能谱写出是完全合理的。

我在第一章提到过的罗伯特·海因莱因的故事《你们这些还魂尸》就是另一个闭合因果循环的例子。在这个故事中，主角（在时间机器和多次变性手术的帮助下）成了他自己的父母，没有历史成因就从石头缝里蹦了出来。不过，这里还是存在细微差别。《还魂尸》的人物是一个比拉威尔的乐曲更令人满意的闭合循环，因为它只存在一个实体——我们的乐谱在未来有许多副本。这首乐曲在你开始干涉的那刻后会继续存在，但海因莱因故事中那个自我创造的人物在他/她回到过去的那一刻已不复存在。他/她只存在于从过去刚现身（存在之初）到时间之旅开启（开始向回旅行）这段时间里。这段时间之前或之后，这个人物皆不存在。他/她是一个完美的闭合循环。

在此基础上，人们创造了一个戏剧性、令人担忧的时间悖论：杀死祖父母。我不知道为何会选定祖父母，或许是因为杀死父母无需回到过去，年轻时就能做到；或许是因为你对祖父母的了解少于父母，痛苦的程度更小。杀死祖父母，是这个悖论的传统说法，我们姑且照此描述。

顺便提一句，这个悖论与电影《终结者》及续集完全不同。在《终结者》的故事里，终结者的目的是抹杀未来的约翰·康纳（John Connor），因为他是未来反机器人大战中的主要势力。为达到这个目的，机器人终结者被送回过去杀死康纳的母亲（续集里，是杀死年轻的康纳）。这会改变未来，从"整块宇宙论"的角度看，这是一个悖论；但故事并未牵涉康纳杀死自己或自己的父母，所以它还不算一个传统的时间旅行悖论。（《终结者》电影确是一个《悼念公主的帕凡舞曲》式的悖论。在第一部电影中，被毁灭的终结者残骸最终被公司用来制造了那台启发机器人智力的思考机器。）

为了全面探索祖父悖论，我们先忘了《终结者》，将自己放回杀死祖父母的角色吧。或许，你是一个极端的科学家，希望测试时间悖论的真相；或许，你根本不打算杀死自己的祖父母，但你回到过去触发了一个偶然事件杀死了他们。你坐上时间机器，回到祖父母还活着的年代，你的父母尚未出生。现在，随便挑选祖辈中的某个为谋杀目标——假设为你的外祖父（或者，无意中导致他死亡）。这意味着，你的母亲将不会出生，你也不会出生。

这在逻辑上是成立的，但如果你无法出生，又如何回到过去杀死自己的外祖父？你的外祖父未死，你才会出生，你才可以回到过去……如此循环。当然，以"整块宇宙论"的观点看，这产生了逻辑不一致的地方。"整块宇宙论"认为宇宙是固定的，而你身处其中。你同时存在又不存在，你似乎处于一种量子叠加态。

或许这是"整块宇宙论"的世界里唯一能维持祖父悖论的办法——让时间旅行以某种方式使你进入量子叠加态。一般而言，这种叠加态不会永久持续下去。片刻之后，它会塌缩为两种可能状态。如果你存在，那么某些东西会阻止你实施谋杀；如果你不存在，那么你的祖父会死于其他原因，而你也不会存在。你变成了这个系统中的一个幽灵。

在"发展形成论"的宇宙里，事情则有稍许不同。对这个悖论可以有多种解释。其中之一是：杀死你的祖父后，你往未来开启了一条新路，可那并非你的未来。在另一个世界，你的祖父仍在你的未来，好像一切都未发生。另一种解释是：新的未来会演化出来，在这个未来里，另一个你与你的祖父并无关系，所以你杀死的那人并不是你的祖父。

在应对时间旅行悖论面临的逻辑问题时，我们可以把科幻故事当作有用的试验场。科幻小说里，有几个惯用伎俩或许能为我们提供帮助。原则上，过去发生的任何改变都可能对未来造成巨大影响。但下述情况也可能存在——存在某种形式的衰减作用，使你做出的改变失去了动力，故而你的未来无法被直接改变。

你可以设想一种机制，使祖父悖论形成不了循环。你回到过去杀死了自己的祖父，所以你从未存在过。这意味着，你从未进行这次旅行，在你行动的瞬间，你就闪回了将要出发（准备回到过去）的那一瞬。每次，你试图回到过去做出改变，都会让你不复存在，你会发现自己又回到了旅行开始之前。你回到过去的旅程永远不会开始。

这并不是说，你什么都改变不了，只有那些会导致你不存在或者导致旅程开始不了的改变才会被阻止。还有一个常被用到的逻辑技巧能摆脱这种时间悖论，我发现这一技巧可令人满意地解决祖父悖论。

这一场景的有趣之处在于，你能否记得发生了什么。如果你真能记得自己回到过去杀死了自己的祖父，然后又回到了旅程开始前的现在，你会像电影《土拨鼠之日》（*Groundhog Day*）里的主角那样。比尔·默瑞（Bill Murray）饰演的角色知道自己在一次次地重复着同一天的生活，所以他能吸取自己的教训，改变自己和他人的生活。相似的是，如果你能记得被中止的时间之旅，你大可以改变策略。

反之，如果你无法记住曾经发生了什么，后果会灰暗很多。你会被留在第一次启动时间之旅（回到过去）的那个时间点，因为没有什么会提示你应改变计划，你会采取之前的同样的行动，反复地回到起始点。除非，某种量子涨落会在某个时候让你逃脱；否则，你会被留在一个永恒的循环中，一次又一次地犯下同一错误。

历史会排斥悖论并让你回到采取行动之前的时刻，这让人联想到了史蒂芬·霍金曾提出的一个重要概念——历史一致法。这个概念基于俄罗斯物理学家伊戈尔·诺维科夫（Igor Novikov）的"自洽性原理"（self–consistency principle），其意指，自然规律实际上会阻止一切能通过改变过去而改变未来的尝试。回到过去也许是可能的，但你在过去只能实施那些不会改变历史的行为。

例如，你可以乘坐一架时间机器回到6 500万年前去清除恐龙，因为化石记录显示恐龙似乎是在那个时期一段很短的时间内灭绝的。重要的是，你在这个过程中并未改变历史。如果你希望在现场留下一个巨大的招牌"我杀死了恐龙"，且希望这个由某种材料制成的招牌可从白垩纪大灭绝事件起坚持6 500万年保存至今。那么，这个招牌你无论用什么办法也不能竖起——因为它并不存在于过去。

霍金还提到了另一种可能——多重历史论（alternative – histories）。前面我们说过，杀死你的祖父可能会"往未来开启一条新路"，也暗指这个概念。实际上，就是另外一个版本的宇宙。这可与休·艾弗雷特三世（Hugh Everett Ⅲ）对量子理论的解读联系起来。有时，这种解读也被称为"多重世界"（many worlds）假说。

量子理论和科学一样伟大。如果你代入数值，它就能发挥作用。比如，研究光与物质相互作用的量子电动力学能得到令人惊叹的精确结果——理论和实验结果的匹配可精确到小数点后很多位。但对很多人来说，只拥有一种有用的理论并不够，你需要对其进行详尽的解释。

例如，双缝实验就是这样，该实验第一次确切无疑地证明了光是一种波。这是托马斯·杨（Thomas Young）的想法。杨是一位杰出的博学家，他是一名医生，第一次翻译了古埃及象形文字，给工程学引进了弹性力学的概念，并为保险公司制作了死亡率表。

杨 1773 年出生于英格兰，打小就是个神童。2 岁时，他就能自学阅读；13 岁时，他已熟练地掌握了 6 门语言。他并未死守物理学不放，不过他对自然科学抱有浓郁的兴趣（特别是光）。对杨来说，似乎只靠兴趣就能让他成为某方面的专家。

1801 年，杨发明了双缝实验，这个实验最终让牛顿的光的微粒说寿终正寝。杨将一束狭窄的光照射到一张切开两条缝的卡片上，使两条缝形成的光束在彼此混合交叉后，照射到一张白纸上。结果是，在白纸上投射出了一系列的明暗条带。杨声称，这一过程就像是来自两个波源的水波能彼此干涉一样，一些波纹彼此抵消，一些波纹彼此增强。光波也能产生干涉现象，如果光是由单个粒子构成的，这种现象就不可能发生。

这是一种不错的解释，直到量子理论登场。量子理论将光描述为一系列的量子，实际上就是粒子。不过，双缝实验依然有效（不可能因为有新理论登场，它就无效了）。随着技术的进步，一次发射一个光子通过杨的实验装置成为了可能。单个光子本不应该彼此干涉，然而干涉图案还是形成了，就像多个波穿过了双缝。此外，其他的量子化粒子，比如电子也能得出同样的效应。

对于这种单个光子也能显现干涉图案的现象，传统的解释看起来有点草率。传统解释认为，每个粒子不知怎么地同时穿过了双缝，且与自身发生了干涉。量子理论允许粒子处于"叠加态"，它们在被观察到之前，不会通过特定的一条缝——它们会同时穿过两条缝，使干涉图案得以产生。如果你去检测粒子到底通过了哪条缝，会迫使其进入其中的一种状态，干涉图案即消失了。

休·艾弗雷特是美国物理学家，他学术生涯的大部分时间都在研究运筹学（Operations research）。这个学科发展自第二次世界大战中，目的是为了将数学（特别是概率和统计）应用到复杂的实践问题上。例如，运筹学可用于确定深水炸弹采用何种投弹模式摧毁潜水艇的概率最高。休·艾弗雷特的概率学专长被证明在掌握概率驱动的量子理论方面具有极大价值。休·艾弗雷特推断，传统的对于杨的双缝实验的解释是错误的。他相信，存在许多不同的平行现实，这一点在实验中得到了揭示。

在某些现实中，一个特定的粒子穿过了第一条缝；在另外的现实中，它可能穿过了第二条缝。出现干涉图案是因为这些不同的现实间发生了干涉。这有助于解释一个量子理论核心的谜题——量子事件的发生具有概率，任何单个粒子面对这种概率时的选择都是随机的。一个原子核是如何决定在某个特定时刻衰变的？在夜晚的射束分离器（如窗户）中，一个光子是如何决定穿过还是反射的？

在艾弗雷特的多重世界论中，不同的量子状态不会在被观察时以某种方式选择塌缩为特定值（这会带来它们是如何"选择"这些特定值的问题）；相反，所有的可能值平行存在于不同的宇宙，我们只是恰好经历了特定的一个。这依然会留下为什么我们会经历这个特定现实的问题，但对休·艾弗雷特来说，这个问题并不会造成困扰。

如果你接受休·艾弗雷特的多重世界假说（少数量子物理学家仍在大声疾呼），那么，回到过去杀死祖父可能会变得更复杂。多重世界的拥护者会告诉你，在杀死祖父的瞬间，你进入了一个平行宇宙——在你自己的宇宙中（你仍存在的那个），这次谋杀从未发生；故而，当你回到未来时，你的祖父仍然活着。

从这种理论来看，不存在悖论，不需要解决任何问题。但很多人会争辩，多重世界假说并非真正的科学，它只是推测。这种理论显然不符合奥卡姆剃刀原则（Occam's razor），与我们寻求最简单的解释相违背。每一次量子态的塌缩都会导致宇宙一分为二，这种理论显然太过复杂。

另外一些思考祖父悖论问题的人将目光转向了台球。物理学家们为了回归简洁做出的一些事情真是很可爱。这一点反映在了一个老笑话里，这个笑话是帮你发现听众中是否有科学家的好办法。

有三个人：一个遗传学家、一个营养学家和一个物理学家，他们试图搞清楚如何培养一匹常胜的赛马。遗传学家说，"显然，我们需要用以前的赛马胜者育种，选择那些有利于快跑的特性。"营养学家不同意。"不，不，"她说，"一切都和正确平衡的食物摄入有关。"物理学家饶有兴趣地听着。"唔，"他说，"我们假设这匹赛马是一个球……"

在祖父悖论的例子里，说"假设祖父是一个球"的那个物理学家是乔·玻尔钦斯基（Joe Polchinski），他是奥斯丁（Austin）德克萨斯大学的物理学教授。我们在祖父悖论上遇到的问题一般会牵涉对人性及自由意志本质的思考。这使我们很难将物理学与决策学区分开来。正如基普·索恩所言，"现在，即使在一个没有时间机器的宇宙里，自由意志对物理学家来说也是个烫手山芋。我们通常会试着回避这个问题，它会混淆那些原本清晰的问题。"

玻尔钦斯基用台球和一个能产生简化版祖父悖论的虫洞构想出了一个思想实验。他假想有一个非常短的虫洞恰好悬浮在一个台球桌的桌面上。我们击打一个球穿过球桌，使其进入虫洞的"未来"端，并从"过去"端出来，时间提前了一秒左右。我们非常仔细地设置实验，使时机

176

恰好能让一些非常奇怪的事情发生——台球会以一个角度从虫洞中出来，经过台球桌衬布，撞到更早版本的自己，而这个更早的台球正朝虫洞方向前进。这个已穿过虫洞的台球撞飞了更早版本的自己，所以这个更早版本的自己再也不能进入虫洞了。

现在，我们得到了一个阻止自己回到过去的台球，不能回到过去又如何阻止过去的自己……如此这般，我们又得到了另一个版本的祖父悖论。在这个版本里，我们只用了简单的运动定律，未涉及任何麻烦的情感和自由意志问题。

基普·索恩和同事被玻尔钦斯基的台球模型迷住了，他们很快发现了一个脱身条款。试想这个台球穿过虫洞后并未以很大的力撞击以前的那个台球（使其无法进入虫洞），而是轻轻擦过。这对它的轨迹只会产生较小的影响，不足以阻止它进入虫洞回到过去。

这个台球会以略微不同的方式从虫洞出来，它将轻轻擦过之前的球，而不是像之前的祖父悖论那样将其击出。索恩的团队得到了一个令人印象深刻的结果。他们使用完全相同的起始条件——第二个场景与第一个场景在实验上并无区别——将祖父悖论变成了符合逻辑的事件，不会导致我们所知的现实崩溃。

他们揭示的是：在现实中，如果你使用台球做这个实验，结果一定是第二个场景。如果你让台球以这种方式从虫洞中出来撞击自己，它会选择一条最终能产生逻辑一致结果的路径，避免悖论产生。

索恩和他的团队兴高采烈。不过，这种高兴并未维持多久。因为他们很快意识到，不止一条路径可以符合物理定律。例如，你可以想办法制造一条撞击更早的台球右前部的路径，或撞击其左后部的路径。两者情况都能精确地偏转台球，使其不会被阻止进入虫洞。根据经典物理定律，这两种情况皆具有可能性。

在量子物理学中，根据不同概率发生不同的结果很平常；但在经典物理学中却不是这样。通过引入虫洞，我们能以绝对相同的起始条件进行两次实验——完全一致的击球动作，但产生了不同的运动组合，获得了同样的效果。

索恩很快发现，事情或许更糟。尽管他的学生们已建立了只有两个可能结果的实验场景，但他自己设计了一个存在无数种结果的简单实验。假想，一个台球在没有虫洞的干预下，只会走虫洞的两个开口之间的一条直线路径。为方便理解，我们假想虫洞的这两个开口沿一条与该台球路径垂直的线，面朝彼此。

如果虫洞就位，初看上去，有两条可能的轨迹——要么，这个台球从两个开口之间直接穿过；要么，它会从"过去"的开口出现，在合适的时机以合适的角度与原来的轨迹交叉，撞击自己进入"未来"。

另一位物理学家罗伯特·福沃德（Robert Forward）向索恩指出，这样的可能性不止一种，存在无数种交互情况。每一种可能的情况，都会有两个球沿着与原来的轨迹成不同角度的方向运动。以标准、经典的物理学来看，在起始条件不变的情况下，每一次交互都有可能发生。

正如索恩所说，"有人可能会认为物理学是不是疯了，或者，是不是物理学定律能以某种方式告诉我们台球应该走哪条轨迹"。为了解决这个问题，索恩认为唯一的选择是引入量子物理学。假想有一个台球就像光子"决定"穿过玻璃还是从玻璃表面反射那样，按照概率走任何一种可能的路径。在任何一次实验中，台球都会根据概率选择其中一条路径，完全遵从概率分布。

看起来，时间机器也许有潜力让大而具体的物体表现出量子行为。假设台球表现得就像量子化粒子一样，并不能完全令人满意，因为按照我们的经验，宏观物体并不会如此表现。通常，我们会发现，统计学上，单个粒子的随机量子行为合并后会变得均衡，降低概率性，变为确定性事件。但我们必须要勇敢承认一个令人惊讶的结论——时间机器可能会将量子行为扩展至宏观世界。

这并非没有先例。例如，可以让一束携带量子现象的激光来改变我们在宏观世界看到的光束行为；或许，我们将时间机器视为一种物质激光，一种可让量子过程升级到可观察水平的机制。

　　为了避开悖论，霍金和其他人做过一些更通用的尝试。他提出，可能存在一种被称为"时序保护假设"（chronology－protection conjecture）的物理定律，这一定律也被称为"因果序假设"（causal ordering postulate）（简称"时间COP"）。这个理论与"历史一致法"稍有不同，时间COP认为，自然会密谋避免使用相对论改变两个具有因果联系事件的顺序。如果一个早期事件引起了一个后期事件，时间COP会说，你无法巧妙操控相对论改变事件的发生顺序，使第二个事件发生在第一个事件之前。

　　再假想有一个非常简单的悖论装置，我们不需回到过去做杀死祖父这样复杂且变态的事情。如果你有一个无线电发报机，能给一个接收机发送信号，这个接收机可控制关掉发报机。这是一个标准的因果联系——发报机发送信号将导致发报机关闭的后果。顺序也很清楚——首先是发报机发送信号，然后是发报机被关闭。

　　继续假想，我们使用一种相对论时间旅行机制将这个信号往过去发送了0.1秒。之前介绍过，这样的技术已能少许实现。时间移位小，更具可行性。也许，这不足以为你赢得乐透彩票，但已足够检验时间COP了。我们不需发送任何物理实体穿越时间，只需发送一个信号，所以我们可选择的时间旅行技术非常多。

　　我们设置好这个假想的发报机，让它能被自己产生的无线信号打开或关闭。打开这个发报机，并发送"关闭我"的信号回到0.1秒之前——在你首次发送这个信号的0.1秒前，发报机就被关闭了。问题来了，如果它被提前0.1秒关闭，它将无法发送这个信号——因此，它必须是打开的。但如果它是打开的，又与之前的逻辑推理矛盾……如此循环，构成了一种简单的因果悖论。

　　如果时间COP成立，每当你试图建立信号时，一定会发生某些错误——或许是发报机无法工作；或许是开关机制失效；或许你确实成功将信号发送至过去，开关也正常，但其他环节出现了错误；或许是静电的突然爆发干扰了发报机。根据时间COP，总会有些东西阻碍你。

依据这个理论，一些人甚至提出，时间 COP 映射欧洲核子研究组织的大型强子对撞机可能是一种潜在的时间机器。这架大型对撞机第一次开机时就发生了灾难性的故障，致使它一年不能工作。这是否是时间 COP 发挥了作用，阻止了大型强子对撞机中可能发生的时间悖论？最后的结果证明，不是。因为大型强子对撞机在 2010 年全面运转，此后再未发生过故障。

大型强子对撞机是题外话——没有证据表明，现阶段它可作为时间机器使用，尽管它有可能制造微型虫洞，而微型虫洞在未来可能会实现时间旅行。霍金的假设可能是避开时间旅行悖论的好办法。但必须指出的是，这不是一种科学理论，它缺乏物理学的支撑。这只是霍金和其他人为了避免时间悖论引起麻烦而推出的一种直觉式看法，他们相信自己的感觉。

即使时间 COP 存在，也不能阻止所有的时间旅行。它只是规定了，两个事件如存在因果联系（第一个事件引起了第二个事件，如同信号导致发报机关闭那样），且两个事件的发生具有特定的顺序，那么第一个事件总是发生在第二个事件之前。它们如何相对彼此运动，或者会导致什么相对论效应都不重要，重要的是第一个事件总会先序发生。

如果事件之间没有联系，时间 COP 就不能阻止事件的顺序发生改变。如果两个事件没有联系，相对论是允许其发生顺序互换的；如果一个事件引起了另一个事件，那么，它们的时间顺序就固定了。（只要它们处于正确的顺序，它们之间的时间差可以发生变化。同时性的相对性理论仍然有效，你相对某物体的运动会改变你对事件何时发生的认知，但不会改变因果顺序。）

需要注意的是，时间 COP 不会阻止结果发生在原因之前。如果在某种特定情况下，一盏灯在你按下它的开关之前就亮了是事实，那么时间 COP 不会提出质疑。当然，在正常世界里，如没有特殊的操控，原因通常发生在后果之前，所以时间 COP 会保持现状不变。

史蒂芬·霍金提出了一种时间 COP 发挥作用的方式。他设想时间旅行带来的时空弯曲会导致某些遵从量子理论不断生灭的虚粒子变为真实粒子。他设想这些粒子通过一个循环，反复在同一时间通过同一地点，这样积累的能量导致它们的存在足以反向弯曲时空，抵消了时间旅行的能力。

如果这是真的，设定产生时间旅行能力的条件会干扰时间旅行——所以时间旅行将永不可能。本质上，这与我们在第 11 章里介绍过的虫洞可能会产生的反馈循环相似。但这个理论有太多的假设，缺乏具体的物理学支撑。这种推测是可能的，但并没道理。霍金自己也说，"时间旅行的可能性仍然存在。"

最终，时间 COP 只是物理学家在表达"事情不应该是这样"的看法，他们认为因果互换就是说不通。我们回到过去杀死自己的祖父，或者制造一个能在发送关闭信号之前先将自己关闭的设备一看就不对。但科学不在乎看起来的对错，科学在乎的是，理论与实验及观察的匹配度，即便结果有时会违反常识。理查德·费曼曾说，"如果你认为自己理解了量子力学，那么，你就没有理解量子力学。"这句话同样适用于我们对时间的操控。

有人指出，时间机器可用来一夜致富。方法是——你弄来一块昂贵的钻石，然后拿着你的钻石回到过去，将它送给过去的自己。（作为额外赠品，过去的你还得到了遇上未来的你的机会。）现在，你获得了两块钻石。同理，你可以无限重复这个操作，让自己的钻石数量不断翻倍，一夜暴富！这很像我们设想的那个创造拉威尔乐曲的封闭式因果循环，只是这里的循环可以让我们得到两份乐谱。

人们会立即反应过来，这种物质复制行为违反了物理学最基本的定律：能量守恒定律。更具体地说，是物质/能量守恒，因为爱因斯坦方程告诉我们物质和能量可以互换。我们回到过去积累钻石时，宇宙的物质要多于我们启动这一过程的时刻。实际上，我们所做的是将物质从时空连续统中的某一点传送至另一点，这件事并不受守恒定律的限制。如果你从时空的全景去看，你也许在过去增加了一块钻石，但它在未来已不再存在。此外，为了实现这次传送，我们还必须向系统输入足够的能量，确保不一致的情况不会发生。

不幸的是，即使没有物质守恒的问题，这种发财的法子还是存在致命缺陷。撇开这一循环会不断改变过去进而改变未来这点不讲，你根本无法花掉这笔新财富。

一旦你将钻石换为现金，你将不再拥有它们（钻石）。如果你不拥有它们，你就无法将它们带回过去……如果你已将它们带回了过去，再也不能将它们换为现金。循环就此中断。这一过程只对终极的守财奴有用，他可以坐在自己的财宝堆上，永不放手。如果传说中的喜欢囤积黄金珠宝的龙真的存在，这可能是一种理想方法——但和正常的人类并无多大关系。

时间旅行一旦成为可能，就会产生很多悖论。一些悖论是完全自洽的，可以存在，比如我们用量子理论呈现的那个悖论——一个光子可以同时穿过两条不同的缝，并与自身发生干涉；其他的一些悖论似乎会在成为问题之前自我抵消。如果排除掉技术上的困难，时间旅行是否真的可能存在？时间旅行会一直是幻想，还是会成为我们后代将体验的技术？

14　真实还是幻想

　　天才和科学打破了空间的限制，而很少有观察得到的知识可破解宇宙的机理。难道，打破时间的限制对人类来说不光荣吗？

　　——乔治·居维叶（Georges Cuvier）（1769—1832），《化石骨骼的研究》（*Recherches surles ossemens fossiles*）（1812）

　　到目前为止，我们已在实验室实现了一种形式的时间旅行，只是这种方式产生的时间移位太小，并无实际用处。我们可利用相对论旅行至未来，但以目前的技术，要实现一次能值回票价的未来旅行需要花费太长的时间。量子纠缠给了我们一种与过去建立联系的机制，却无法携带信息。其他的那些时间旅行机制还需要等待远超我们当下能力的技术的开发。

　　尽管罗纳德·马利特的时间机器有潜力在 10 年内实现实验室里的可测时间移位，但在此之前，我们只能满足于认为：物理学并未否认时间旅行的可能性且未来我们有充分的机会去实现它。不过，这并不意味着从未有人宣称自己制造过时间机器。很多人都曾骄傲地宣布，自己掌握了时间的秘密。

　　我们介绍过，物理学家尼古拉·特斯拉相信自己在 19 世纪 90 年代摆脱了时间，利用强大的电磁场扭曲了时间的结构。另外一些人自此宣称，他们也利用极强的电场和磁场，实现了真正的时间旅行，不过很少有人能具备特斯拉的科学素养和工程资质。

或许这些争夺时间旅行皇冠的现代竞争者中，最有名的是俄罗斯人瓦季姆·切尔诺布罗夫（Vadim Chernobrov），他宣称自己用一整套巢式超导电磁铁建造了一个装置，成功地在一个小房间里将每天的时间减慢了 40 秒。切尔诺布罗夫还是不明飞行物研究者，虽然他的技术比许多竞争者的怪异理论更令人印象深刻，但仍是非常边缘的行为，缺乏公认的科学证据。

如果切尔诺布罗夫的时间之室真能让时间以更慢的速率流逝，这会非常有趣，也有助于完成一些有用的实验。不过，这种装置的本质（即使真能正常工作）局限了它在实际中的用途。这是一种前往未来的装置。装置内的时钟走得慢，意味着装置外的时间走得快。故而，当旅行者从装置中出来后，她会发现自己跳到了未来。

实现这种形式的时间旅行相对比较容易。每个人都在自然地前往未来，我们可以利用相对论，重物或高速运动引起的广义相对论效应产生时间上的移位。我们也许还未实现每天 40 秒的时间移位，但这完全能做到——事实上，这并不是一种进入遥远未来的实用方法。主观上，睡个好觉往未来跳跃的时间也比这种装置长得多。

在互联网上快速搜索"超维谐振器"（hyperdimensional resonators）和"生物促生剂"（bioenergizers）。你会发现，这些设备能在网上购买，供喜欢自己动手的时间旅行者启动四维行动使用。这些机器一般价格为几百美元，机器会附带一个警告，声称这种技术并非对所有人有效。这些奇异盒子的销售方式极像伪医疗设备，制造商均宣称他们的技术基于量子场或电磁力。它产生的效果更像购买者的想象，而不是发生在真实的物理世界中。

还有一些人宣称，自己是来自未来的时间旅行者，但他们都遭受了类似 UFO 模糊综合征的问题。研究 UFO 和外星人拜访地球事件的人指出：非常奇怪，在这么多所谓的目击和劫持事件后，我们还是没有 UFO

和外星人的清晰照片，总是只有模糊的图像。我们没有一个"外星人"的造物不是地球制造。总有人宣称，自己和外星人讲过话，他似乎总在谈论世界和平和内心感觉，不愿透露任何与科学知识相关的问题。

这些自封的时间旅行者从未带回过有用信息，可增加他们可信度的信息，比如预测世界大事或清楚地描述下一任总统，或者是具有商业用途的知识。最著名的例子是一个自称约翰·提托（John Titor）的人，他宣称自己从 2036 年回到了 2000 年（或者可能是 1998 年）。

虽然提托确实不太寻常地在一定程度上描述了自己的时间机器的技术细节，但这些细节存在严重的漏洞，他显然不知道自己描述的那种时间机器无法回到机器建成之日之前。他还预测了几次"历史"事件，不过，这些事件均未发生。

我认为，这些人或许是在搞恶作剧，或许是产生了幻觉。我们需要将这些"时间机器"及"时间旅行者"与可制造的具有科学性的时间机器区分开来。

很多人声称美国政府（或者某个在幕后操纵的影子政府）已发明出了时间旅行技术，正在用以控制世界。许多阴谋论故事的中心是长岛的蒙托克空军站（Montauk Air Force Station），他们认为 20 世纪后半叶在这里发生的一系列实验制造了一个可用的时间隧道。事实上，我前面已介绍过，时间旅行技术还远未被开发出来，一切时间旅行皆是幻想。

时间旅行的可行性有多高，是个值得商榷的问题。毫无疑问，现代物理学在理论上并未禁止时间旅行的可能。应当承认，时间旅行的理论基础尚有缺陷。爱因斯坦的相对论和经过复杂检验的量子理论很可能会在未来被证明是完全错误，只是这种可能性比较小。在小范围内，我们有足够的证据证明狭义和广义相对论确实能改变时间的流动。更准确地说，时间旅行可能被证明在理论上可行，但在实用的时间尺度上不具有可行性。"别期望太高"，似乎是个好建议。

就我个人来说，我偏向于乐观态度。试想一下，过去 100 年技术的发展。第一辆实用的内燃机汽车在 19 世纪 80 年代才被制造出来；1903

年在小鹰镇（Kitty Hawk）发生的人类第一次飞行也仅过去100多年；直到20世纪70年代才出现个人电脑；普通百姓互联网的普及也不足20年。

我说服不了自己，我们为何不能在未来100—200年开发出实用的时间旅行技术。我想，这在我的有生之年或许不会发生，但如果孩子们在将来见证首批实验进展，我不会对此感到惊讶。它也许不是一种可以让人类穿越至过去的装置，但将实验室中的信号发送至过去的机器或能研制成功。不过，也许我的乐观是错误的。众所周知，占卜（在没有时间机器的情况下）总是困难的。或许，明年欧洲核子研究组织就能制造那些微型虫洞；又或许，时间旅行将永远停留在难以实现的梦中。

很多科幻小说思考了时间机器建成后可能会带来哪些潜在影响。时间旅行的确需要健康警示。但认为科幻作品能预测未来，完全是误导。大部分情况下，科幻小说作家对未来和未来技术的幻想错得离谱。

以亚瑟·C. 克拉克（Arthur C. Clarke）为例。他常被认为是科幻作家能预测未来的模范。出名的证据是，他在地球同步通信卫星发明之前就写到了它。我认为，克拉克拥有杰出的想象力和技术精神，但他的科幻小说并不比其他人更好地预测了未来。没错，他预测了一种卫星通信的形式，但准确地说，那是在一篇非虚构文章里提到的。我们不应忘记，他预测了2001年会有一台载人探测器飞向木星，上面带着一台有意识的电脑；他还预测了2001年泛美航空公司会运行商业航天飞机到一座巨大的空间站去。

如果和科幻小说的作者们对话，你会发现，很少有人承认自己擅长预测科技的发展。他们的写作目的是，探索人类对各种技术发展的反应。科幻小说是在想象人类对科技带来的问题和困难的反应，绝非预测未来。

不过，这在此处并不是缺点。前面，我们也介绍过一些与时间旅行相关的科幻小说，正是人类面对时间旅行的反应才值得一阅。科幻作家最容易想到的时间旅行者会遇到的麻烦之一是——时间机器在过去或未来现身的地方有可能被物体占据。

如果你的时间机器让你现身时恰好卡在了墙壁中间或者深埋在一座山下，后果或许会非常尴尬。撇开你被石头围住很难脱身这点不谈，这种情况还可能让你身体的原子与其他原子发生排斥。

如果时间机器突然显现在固体中，将会存在巨大的力试图将原子移动到更可接受的位置，时间机器（和该物体）将被汽化。对于这点，我看到有人说过，"时间机器在回到过去时，必须飞起来一定高度以避免显现在物体中。"

实际上，飞行也不会为我们提供太大帮助。也许，飞行能避免旅行者出现在一块岩石中间，但飞行会使他出现在大气中。如果你现身时，恰好有个氮气分子出现在你的肉里怎么办？它会被推开，还是会被你的身体包绕并嵌进去？它对你的身体结构会造成致命损伤吗？显现的原子会不会因太过靠近大气分子而启动了核聚变？

第一个讨论这个问题的是《时间机器》的作者威尔斯（他还讨论了时间旅行的诸多可能影响），他思考了时间机器穿过固体的问题。据小说中的时间旅行者所言，他的装置在运动时不存在风险，只要是高速穿越时间就不会产生影响，"可以这么说，我被稀释了，就像烟雾一样在物质中的缝隙间滑行！"但当他停下来时，他意识到自己可能会引发爆炸，因为他被卡在了固体中间。

这个旅行者决定冒险一试，最后，他在明显颠簸的显现过程中活了下来。实际上，真实的时间机器更可能在太空中使用，而不是在地球表面——太空可以减少与物质发生相互作用的风险，但也不能完全去除。重要的是，整个"显现"（materialization）问题只是源自幻想的时间机器，非真实。

像电视剧《神秘博士》里的塔迪斯飞船一样的幻想时间机器在显现时会逐渐现身，渐渐融于现实。几秒钟后，在某个时间点某个还未被机器占据的空间，它出现在那里……它正是在这几秒钟内逐渐变为固态。这显然是一种危险的做法。每台基于真实物理学的时间机器很大程度上都会涉及到时间和空间内的运动，绝不会只是简单地显现在一个地方，它要穿越时空才能到达那个位置。时间里的旅行必定伴随空间里的运动。

对接收端的观察者来说，时间机器并不会凭空冒出，也不会存在逐渐显现过程。如果飞船来自过去，可以看到它的接近；如果飞船来自未来，它会突然出现在那里，不会逐渐出现。

我们确实应该考虑出现点的问题。记住，地球在空间中并不是固定静止的。它在绕太阳公转，太阳在围绕银河系转动，银河系也在远离其他星系而运动。鉴于此，当我们踏上回归之路时，是否会抵达一个不在地球上的地点？

这实际上取决于时间机器有没有被约束住。例如，你穿越一个虫洞，可将虫洞出口放在地球上——意味着它不会随时间流逝而漂离地球。同样的做法也可以用在圆柱体时间机器上，罗纳德·马利特的参考系拖拽机制也可以欢乐地随着地球旅行。

实际上，没有理由假设时间机器会存在绝对定位的概念。绝对定位的意思是，时间机器可让你在空间中固定不动，停留在与你离开时一样的位置。从爱因斯坦的时代起，我们就对固定地点的概念感到不舒服——万物的位置皆为相对，时间机器没有理由不遵循。

科幻小说还充斥着基于时间旅行的一夜致富梦。我们前面介绍过以这种方式复制钻石的困难。另一种传统的方法是"复利统治世界"法。这种方式是，你带着一件昂贵的商品（一根金条）回到过去，或者，你从目的时代带来一些钱。接着，你在过去投资自己的财富，回到未来并大赚一笔——开始时的小额金钱最后变为一笔巨大财富。

这样想的人似乎忘记了通货膨胀和股市崩溃的影响。简单地把钱存入银行赚利息不能保证你长期获利。更实用的谋划是将一样还未发明的物件带回过去（或者你自己直接在过去发明它）或者利用其他形式的未来知识发财。

假设不考虑时序保护问题，你能回到过去销售先进产品而美美赚上一笔。通常，一件产品，早期比后期更赚钱。惠普公司在 20 世纪 70 年代初第一次推出便携式科学计算器时，标价接近 400 美元；今天，一台类似功能的计算器或许只需要 20 美元。从经济效益来看，这里大有机会。

如果时序保护是个问题，你要确保自己是一种知名产品的发明者，可使用历史书里这个人的名字；或者你不想花太多精力，用你的未来知识赚钱也非常简单。基本的方法是，带着详细的赛马或者乐透彩票结果回到过去。或者，你可以更老练一些——回去找到一些将来会成为超级畅销作家的人，在他们还忍饥挨饿时低价买下他们的作品，收割利润。

当然，所有"通过时间旅行一夜暴富"类型的故事都有一个重大缺陷。记住，相对论式时间机器只能回到它们被首次制造的那个时间点。

此外，那些想通过时间旅行赚快钱的人也不会乐观。比如，卖乐透彩票的人也会意识到时间旅行带来的问题，从而改变出售彩票的方式——如果每张彩票都只能是随机选择的一组数字，即便你提前知道获奖号码也无济于事。你无法选择购买到你心目中需要数字的彩票。人们都知道了时间机器，赛马或是足球比赛的博彩也会消亡。

同样的道理也适用于股票市场。买卖股票并运行对冲基金是投注未来的一种方式。如果结果已知，这种机制就会崩溃。我们在前面的一些悖论里提到过，我们将信息带回过去可能会改变现实的本质——预测乐透号码或股价即会改变未来，通过这种知识获利将变得不可能。

与时间旅行相关的科幻小说中有一类常见设定：有一群人或一个组织的角色任务是保持时间线的干净，确保时间旅行者造成的任何混乱均可被纠正，以恢复原来的现实。实际上，这种组织存在的可能性极低。姑且不论其他原因，基于诸多时间旅行悖论的解释，很难知道现实的"真正"版本是什么。

大多数时间旅行的故事都给我们留下了伦理上的空白，时间旅行者可以为所欲为。相比真实的科学世界，事情完全不同——当科学对人类生活产生重大影响时（如干细胞的医疗用途），通常会出现非常强大的监管机制确保它的使用被小心地控制。

时间旅行技术不是某个外行在车库就能捣鼓出来的玩意。如果它真的成为可能，无论是通过罗纳德·马利特的方法还是远超我们现有能力的更先进的技术，都会涉及到一些高调显眼的科学，且一定会受制于检查和监护。可能它的每一步都需要评估伦理影响，这种评估将在时间旅行方面的决策中发挥重大作用。

人们很难抗拒思考时间旅行对人类生活的影响。科学和科幻的边界充斥着一些接近可能的技术，比如：物质传送、超光速驱动、力场、死亡射线、时间机器。这些思想已被证明是科幻武器库的有益补充，主要有两个原因。

第一个原因是，它们打开了新的前沿。人类的天性就是不满足于已知。我们总是寻求发现、探索和成为新领域第一人的机会。就像克拉克将军将超光速旅行设定为美国的目标时所认识到的那样，我们需要新的前沿供我们探索。

宇宙的本质决定了它的尺度无法通过普通的交通方式接近。科幻小说中刻画的很多未来技术都被设想为征服宇宙（冲出太阳系或殖民遥远的星球）的必要工具。我们需要超光速装置到达目的地，用力场防护碎片和辐射，用死光武器自卫等。相似的是，时间机器在开创前沿方面具有双重作用——它与超光速旅行的联系使其被置于物理探索的核心，此外，没有什么比回到过去或走向未来更奇特和更令人激动。

奇特技术在科幻小说中高频率出现的第二个原因与技术关系不大，而是故事的情节需要。例如，我们读过的一些故事，探究了用物质传送器杀人的道德问题，在这一方面，时间旅行显然是最好的工具，且充满迷人的力量。

时间旅行对因果关系的颠倒产生了一些悖论和令人费解的怪现象。但更重要的是，它让我们有机会探索一些神秘的东西。谁没思考过，"如果我能回到过去……"？谁不曾像罗纳德·马利特一样，想要最后一次与深爱的人交谈的机会，或者前往未来看看24世纪的科技是什么？

与希波城的奥古斯丁一样，我们可以说，"时间是什么？没人问我，我就知道；有人问我，我需要向问询者解释它，我就不知道"。

时间旅行可为我们提供其他技术提供不了的快乐。此外，我们知道，物理学在理论上已有多种方法可实现时间旅行，尽管在现实中尚不可行。多年来，物理学家认为，时间旅行是一种怪论，与亚特兰蒂斯失落文明或与金星人交谈有得一拼。但是现在，情况不同了。

时间旅行是真实的，我们今天在小范围内就能做到。如果人类能活得足够长久，它是我们未来不可避免的一部分。如果这都不能激起你的好奇心，那还有什么能呢？

最终，只有时间能告诉我们答案。

在《构造时间机器》一书中，布莱恩·克莱格（Brian Clegg）以一个令人惊叹的事实展开——物理学定律并未阻止时间旅行。

他探索了引人入胜的物理学世界和源自量子纠缠、超光速、中子星圆柱体以及太空虫洞的真实时间旅行的各种可能性，思考了烧脑的时间旅行悖论。作者通过实验告诉我们，时间旅行真实存在，今天的我们已能在一个小范围内对其验证。

布莱恩·克莱格（Brian Clegg），英国理论物理学家，著名科普作家。克莱格曾在牛津大学研习物理，一生致力于将宇宙中最奇特领域的研究介绍给大众读者。他是英国大众科学网站的编辑和英国皇家艺术学会会员。著有科普畅销书《量子纠缠》、《量子时代》、《构造时间机器》、《十大物理学家》、《宇宙中的相对论》、《科学大浩劫》等。

他和妻子及两个孩子现居英格兰的威尔特郡。

果壳书斋　　科学可以这样看丛书（36本）

门外汉都能读懂的世界科学名著。在学者的陪同下，作一次奇妙的科学之旅。他们的见解可将我们的想象力推向极限！

1	量子理论	〔英〕曼吉特·库马尔	55.80元
2	生物中心主义	〔美〕罗伯特·兰札等	32.80元
3	物理学的未来	〔美〕加来道雄	53.80元
4	量子宇宙	〔英〕布莱恩·考克斯等	32.80元
5	平行宇宙（新版）	〔美〕加来道雄	43.80元
6	达尔文的黑匣子	〔美〕迈克尔·J.贝希	42.80元
7	终极理论（第二版）	〔加〕马克·麦卡琴	57.80元
8	心灵的未来	〔美〕加来道雄	48.80元
9	行走零度（修订版）	〔美〕切特·雷莫	32.80元
10	领悟我们的宇宙（彩版）	〔美〕斯泰茜·帕伦等	168.00元
11	遗传的革命	〔英〕内莎·凯里	39.80元
12	达尔文的疑问	〔美〕斯蒂芬·迈耶	59.80元
13	物种之神	〔南非〕迈克尔·特林格	59.80元
14	抑癌基因	〔英〕休·阿姆斯特朗	39.80元
15	暴力解剖	〔英〕阿德里安·雷恩	68.80元
16	奇异宇宙与时间现实	〔美〕李·斯莫林等	59.80元
17	垃圾DNA	〔英〕内莎·凯里	39.80元
18	机器消灭秘密	〔美〕安迪·格林伯格	49.80元
19	量子创造力	〔美〕阿米特·哥斯瓦米	39.80元
20	十大物理学家	〔英〕布莱恩·克莱格	39.80元
21	失落的非洲寺庙（彩版）	〔南非〕迈克尔·特林格	88.00元
22	超空间	〔美〕加来道雄	59.80元
23	量子时代	〔英〕布莱恩·克莱格	45.80元
24	阿尔茨海默症有救了	〔美〕玛丽·T.纽波特	65.80元
25	宇宙探索	〔美〕尼尔·德格拉斯·泰森	45.00元
26	构造时间机器	〔英〕布莱恩·克莱格	39.80元
27	不确定的边缘	〔英〕迈克尔·布鲁克斯	预估42.80元
28	自由基	〔英〕迈克尔·布鲁克斯	预估49.80元
29	搞不懂的13件事	〔英〕迈克尔·布鲁克斯	预估49.80元
30	超感官知觉	〔英〕布莱恩·克莱格	预估39.80元
31	科学大浩劫	〔英〕布莱恩·克莱格	预估39.80元
32	宇宙中的相对论	〔英〕布莱恩·克莱格	预估42.80元
33	哲学大对话	〔美〕诺曼·梅尔赫特	预估128.00元
34	血液礼赞	〔英〕罗丝·乔治	预估49.80元
35	超越爱因斯坦	〔美〕加来道雄	预估49.80元
36	语言、认知和人体本性	〔美〕史蒂芬·平克	预估88.80元

欢迎加入平行宇宙读者群·果壳书斋。QQ：484863244

邮购：重庆出版社天猫旗舰店、渝书坊微商城。各地书店、网上书店有售。